· 超级思维训练营系列丛书 ·

跳出思维的怪圈

TIAOCHU SIWEI DE GUAIQUAN

谢冰欣 ◎ 编著

走出习惯思维 ——  —— 摆脱思维障碍的怪圈

中国出版集团　现代出版社

图书在版编目（CIP）数据

跳出思维的怪圈／谢冰欣编著. —北京:现代出版社，
2012.12（2021.8 重印）

（超级思维训练营）

ISBN 978 - 7 - 5143 - 0979 - 9

Ⅰ. ①跳…　Ⅱ. ①谢…　Ⅲ. ①思维训练 - 青年读物②思维
训练 - 少年读物　Ⅳ. ①B80 - 49

中国版本图书馆 CIP 数据核字（2012）第 275722 号

作　　者	谢冰欣
责任编辑	刘　刚
出版发行	现代出版社
通讯地址	北京市安定门外安华里 504 号
邮政编码	100011
电　　话	010 - 64267325　64245264（传真）
网　　址	www. xdcbs. com
电子邮箱	xiandai@ cnpitc. com. cn
印　　刷	北京兴星伟业印刷有限公司
开　　本	700mm×1000mm　1/16
印　　张	10
版　　次	2012 年 12 月第 1 版　2021 年 8 月第 3 次印刷
书　　号	ISBN 978 - 7 - 5143 - 0979 - 9
定　　价	29.80 元

前　言

　　每个孩子的心中都有一座快乐的城堡,每座城堡都需要借助思维来筑造。一套包含多项思维内容的经典图书,无疑是送给孩子最特别的礼物。武装好自己的头脑,穿过一个个巧设的智力暗礁,跨越一个个障碍,在这场思维竞技中,胜利属于思维敏捷的人。

　　思维具有非凡的魔力,只要你学会运用它,你也可以像爱因斯坦一样聪明和有创造力。美国宇航局大门的铭石上写着一句话:"只要你敢想,就能实现。"世界上绝大多数人都拥有一定的创新天赋,但许多人盲从于习惯,盲从于权威,不愿与众不同,不敢标新立异。从本质上来说,思维不是在获得知识和技能之上再单独培养的一种东西,而是与学生学习知识和技能的过程紧密联系并逐步提高的一种能力。古人曾经说过:"授人以鱼,不如授人以渔。"如果每位教师在每一节课上都能把思维训练作为一个过程性的目标去追求,那么,当学生毕业若干年后,他们也许会忘掉曾经学过的某个概念或某个具体问题的解决方法,但是作为过程的思维教学却能使他们牢牢记住如何去思考问题,如何去解决问题。而且更重要的是,学生在解决问题能力上所获得的发展,能帮助他们通过调查,探索而重构出曾经学过的方法,甚至想出新的方法。

　　本丛书介绍的创造性思维与推理故事,以多种形式充分调动读者的思维活性,达到触类旁通、快乐学习的目的。本丛书的阅读对象是广大的中小学教师,兼顾家长和学生。为此,本书在篇章结构的安排上力求体现出科学性和系统性,同时采用一些引人入胜的标题,使读者一看到这样的题目就产生去读、去了解其中思维细节的欲望。在思维故事的讲述时,本丛书也尽量使用浅显、生动的语言,让读者体会到它的重要性、可操作性和实用性;以通俗的语言,生动的故事,为我们深度解读思维训练的细节。最后,衷心希望本丛书能让孩子们在知识的世界里快乐地翱翔,帮助他们健康快乐地成长!

目　录

第一章　开启你的想象力

跳出思维的怪圈

— 1 —

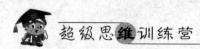

第二章　开发你的新思维

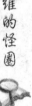

第三章　开创你的新境界

第一章　开启你的想象力

南来与北去

古时候，在一个小镇上，有一条蜿蜒而美丽的河。河的上面有一座独木桥。虽然是　座独木桥，并且只能容一个人通过，但它却是小镇里的人们与外界进行贸易往来的必经之路。有一天，有两个从事贸易的商人同时来到了桥头，一个从南而来，另一个向北而去。

两个商人想要同时过这个独木桥，该怎么过去？

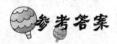参考答案

两个商人可以一前一后地过桥，因为他们去的是同一个方向。

阿凡提的聪明

阿凡提很聪明，可是国王总想出些难题为难他。

有一天，国王又将阿凡提叫到了王宫里。国王指了指王宫前面的水

池，问阿凡提："你知道这个水池里面共有多少桶水吗？"当时在场的所有大臣都在想，这个问题实在是很不好回答。他们都暗暗地替阿凡提担心。但阿凡提眨眨眼睛，很快说出了一个让国王哑口无言的答案。顿时在场的所有大臣也不得不佩服阿凡提。

你知道阿凡提是怎么回答国王提出的问题的吗？

参考答案

阿凡提回答说："那要看桶的大小了！如果桶是和水池一样大的话，那么这池子里的水只要装 1 桶。如果桶是水池的一半大，那么就可以装 2 桶水。如果桶是池子的 1/3 大，那就是 3 桶水了……"阿凡提这样回答，很巧妙地把难题丢给了国王。

女主人的巧妙设计

有一只小狗被女主人拴在了一棵大树上。女主人因为有点急事要离开半天，为了防止这只小狗被饿坏，于是就放了一些吃的给这只小狗。

现在知道，小狗的绳子长 5 米，而食物离它所在的地方有 11 米。难道是这位女主人计算失误？

可是这只小狗却在饿的时候十分轻松地吃到了食物。

这只小狗是如何做到的呢？

参考答案

原来，那棵树的直径有 1 米，而小狗和食物的距离是按照那棵树为圆心的一个圆的直径来计算的。只要小狗绕着树转一周，所形成的圆的直径恰好是 11 米。

绝对不弯腰

古时候，有一个智者被国王邀请到王宫里游玩。

智者对国王的治国之道非常不满，所以这位智者从来没有向国王低头行礼。国王为此也非常生气，于是想了一个办法，让人在宫门上钉了一块木板，这样一来，只要有人想从这里经过，就必须低头弯腰才行。当然这位智者也不例外。

可是智者从这个门里穿过去时，仍然没有向国王行礼。这是为什么呢？

参考答案

因为智者是倒退着，弯下腰，用屁股对着国王退过去的。

这个杀手很愚蠢

某一天，有一个杀手突然接到一个任务，要去暗杀一位政府要员。

于是，杀手便深夜赶往这位要员的住所，当杀手走到书房外，就听到要员在里面说话。他从钥匙孔中看到要员正在打电话，杀手窃喜，将一个非常细小的暗器从钥匙孔放了进去。

暗器明明射中了这位政府要员的要害，杀手却看见要员仍旧毫无异

样地打着电话。杀手始终百思不得其解。

这是怎么回事呢？

参考答案

因为杀手看到的是这位政府要员镜子里反射出来的影像，而这位政府要员本人并没有在那个位置。

购物的孙亮

孙亮平时不太注意保护眼睛，要么长期躺在床上看书，要么看书的时候离书的距离特别近，日子一久，眼睛便近视了，并且近视的度数越来越深。

一拿掉眼镜，他的眼睛就变成几乎看不见东西的高度近视眼。

平时孙亮戴有框眼镜的次数多于戴隐形眼镜的次数，但是，他只有在购买某件物品的时候，才觉得还是戴隐形眼镜比较合适。

孙亮购买的是什么物品呢？

参考答案

眼镜框架。因为孙亮是高度近视，拿掉眼镜后几乎看不到东西，如果不戴隐形眼镜，就不能确定购买的眼镜框架是否美观、合适。

灯泡多次被盗

德国地铁已经有近 100 年的历史。

起初，德国地铁是以城市高架铁路的形式出现的，随着这种快速交通工具的推广，居民们对它造成的城市噪声污染越来越不满，于是，政府部门开始将其转入地下，成为真正意义上的地铁。

地铁在城区交通繁忙地段进入地下行驶，在交通不拥挤处则钻出地面运行，这种因地制宜的灵活性，使德国城市铁路得到了迅速发展，并为解决城市交通问题发挥了关键作用。

虽然现在德国的地铁并不完全在地下运行，但是在某个重要的城市的地下地铁里，灯泡被偷是经常发生的事。这也是一个大问题。灯座设在触手可及的地方，并且根本无法移动。政府准备想一个万全之策，来

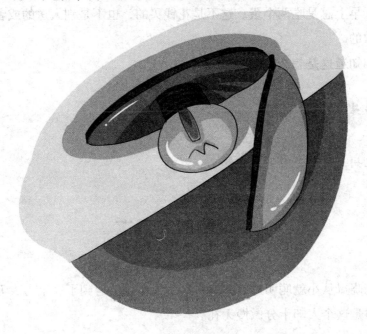

防止灯泡被偷事件的再次发生。

如果你是主管人员，该如何解决这个问题，防止灯泡被偷事件的再次发生呢？

 参考答案

对灯座进行改造。让灯泡向左旋入，因为其他大部分灯泡是以顺时针方向旋进去的。当小偷想偷灯泡时，会将灯泡拧得更紧，且偷了也没用。

神奇的蛋

俗话说："种瓜得瓜，种豆得豆。"王奶奶从来没有养过鸡，但是她每天早上总是吃两个蛋；这不是花钱买的，也不是别人送的或者孩子们孝敬的。

你知道这是怎么回事吗？

 参考答案

王奶奶吃的是鸭蛋，她养了一群鸭。

被难倒的大力士

纪晓岚从小就聪明过人，有一次，他在路上遇到了一个力大无穷的人，但是这个人却十分傲慢无礼。

纪晓岚对那个人说："别看你力大无穷，可是你却连一本书都跨不过去！"大力士听了此话之后，随即摇了摇头，一脸不服气的样子。纪晓岚知道大力士是不会相信他说的话的，于是便将一本书放在了地上，结果大力士真的跨不过去。

力大无穷的大力士连一本书都跨不过去，你知道这是怎么回事吗？

 参考答案

原来，聪明的纪晓岚将书放在了墙角，这样的话，不管大力士用何种方法都是跨不过去的。

鸡蛋下落在哪里

清晨，一只白色的母鸡先朝着太阳飞奔了一会儿，随后掉头回到了草堆旁，转了一圈之后，又向左边跑了一会儿，然后向右边的同伴跑了过去，它与同伴们在草堆里转了两圈半后，突然产下了一个蛋。便咯哒咯哒地叫了起来，原来是要告诉主人，它今天又产了一个蛋。

请问：蛋是朝什么方向落下的？

 参考答案

蛋当然是朝下落了。

不好画的东西

有一天，有几个非常知名的画家凑到一起讨论绘画的问题。有一个人突然感叹道："世间万物什么东西都好画，唯独有一样东西，估计在座的各位是画不出来的。"

大家一听他所说的话，都非常感兴趣，连忙问他这样难画的东西是什么。那人说："是风。"

原来是这样，大家都犯了难，风还真是没有办法画出来的。

可是有一个人却突然站了出来，兴奋地说："能画。风是能画出来的。"

大家都不相信，其中一位直接将笔递到了他的手中，因为大家都太急切地想知道他是如何画风的。

于是他就亲自执笔，画了一幅画，果然真的把风画了出来。

其他人都赞叹他的聪明。

请问他是怎么画出风来的呢？

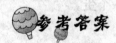参考答案

原来，那人画了一幅《知风图》，用树叶被狂风吹的画面显示出了风的形貌。

怎样符合规定

乘火车须知中有这样一条规定：一个旅客可以携带长、宽、高不超

过 1 米的物品上火车。

　　这一天，王老伯在外打完工后准备回家，并且王老伯想乘坐火车，可是他拿了一根钢管，虽然这根钢管的直径只有几厘米长，但是它的长度却有 1.3 米，按照规定这根钢管是不能带上火车的。

　　但王老伯必须乘坐火车才能回家。最后王老伯想了一个办法，很顺利地带着他那根钢管上了火车。

　　那么王老伯想了什么好办法，让他自己带着那根钢管顺利地上了火车的呢？

参考答案

　　王老伯找了一个纸箱子，只要纸箱子的长、宽、高不超过 1 米，且接近于 1 米，不超过规定，那么钢管就可以斜放进箱子里，就能符合规定乘坐火车了。

如何过山涧

　　有两座山。在这两座山间有一个宽 3.2 米的山涧。此山涧是两座山里的居民来往的唯一一条必经之路。

　　可是这里却没有任何的工具可以顺利来往，而且山涧的下面便是深渊，根本不可能绕道而行。每个想从这里穿行的人必须自己携带木板搭桥过去。

　　这一天，一个小孩子和一个大人分别从山涧两边走了过来，小孩子带的木板有 3.3 米，而大人带的木板却仅仅只有 3.1 米，小孩子没有足够的力气，所以没有办法让木板慢慢搭到对面，因而过不去；大人因为木板长度不够而过不去。

大人跟小孩商量了一个办法，没一会儿，两个人都顺利地过去了。你知道他们想的是什么办法吗？

参考答案

大人让小孩把他带的木板递一小截出来，这样就可以将自己的木板搭在小孩的木板上，然后小孩子在另一头使劲地压住木板的一端，大人就可以轻松地过去了。

大人过去之后再压着木板，然后让小孩从容地走到了对面。

富翁最后的心愿

有个极其富有的富翁，因重病而住院治疗。由于此重病属于不治之症，因此富翁对自己的病情也没有抱太大的希望。

在富翁觉得自己即将去世的时候，他便将自己的几个儿子叫了过来，并告诉他们如果谁能满足他的最后一个愿望也就是让他看到太阳从西边升起，他就将全部遗产给那个人。如果没有一个人能做到，那么他就将他的全部遗产捐赠出去。

不久后，富翁的最小的儿子真的达到了这个要求。

你知道富翁的最小的儿子是如何做到的吗？

参考答案

最小的儿子驾驶飞机带着富翁，以超过地球自转的速度向西飞行，这样便能做到了。

鸡蛋是这样竖起来的

有一天，8岁的莉莉正在书房认真地写作业，而妹妹恩雅则是很无聊地在莉莉身边不停地玩耍。突然恩雅不再玩了，而是凑近莉莉并且对她说："姐姐，姐姐，待会儿再写作业，我给你出一道简单的题吧！"

莉莉停下手中的笔，抬头说："姐姐还有很多作业没写呢，别闹了！乖啊！"恩雅撇撇嘴说："你要是能做出我给你出的题，我就答应你，把我最喜欢的玩具送给你！并且我会乖乖的，不影响姐姐写作业！"看着妹妹那认真可爱的样子，莉莉对恩雅说："好吧，你出题吧！"恩雅说："是这样的，你能把鸡蛋竖在书桌上吗？"随即从自己的口袋里拿出了一个鸡蛋。

莉莉把鸡蛋扶止在书桌上，但一放手鸡蛋就立刻倒下了。试过几次之后，莉莉放弃了，向妹妹恩雅请教竖鸡蛋的方法。当看妹妹竖起鸡蛋后，莉莉高喊："这样也行？"恩雅点点头，说："呵呵，姐姐我的玩具给不了你了！你还是写作业吧，我去找邻居家的亮亮玩儿去了！告诉你个秘密，这是我今天在动画片里学到的。"

看着聪明而可爱的妹妹，莉莉开心地笑了。

你知道恩雅是怎样将鸡蛋放在书桌上的吗？

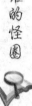

参考答案

只要拿起鸡蛋往桌上一磕，把下面的蛋壳磕破了，蛋就能稳稳地立在桌面。但是，在做这个动作的时候，一定要轻点，以免把鸡蛋磕破了，让蛋清出来。当然，除了这个方法，旋转的方法等也能让鸡蛋立起来。

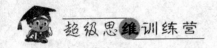
"自杀"的真相

　　寒冷的冬天来临了，刚刚下了一场大雪，并且地面上的雪足足有两尺深。

　　远处的一个村庄和一座高山都被大雪所覆盖，放眼望去，所有的一切都呈现出一派雪白的景象。

　　这个村庄就在这座高山的旁边，山的那边是深不见底的悬崖，在刚下过雪之后，有人在这座山的山顶上发现了一串杂乱的脚印，回来便和村子里的人说有人在山上自杀了。

可是第二天，被他说的自杀了的那个男人却活生生地出现在村庄里。

这究竟是怎么回事呢？

 **参考答案**

那个男人确实去过山顶的悬崖边，但是在他想下山的时候，却突发奇想，想退着下山，于是便出现了只有上山脚印而无下山脚印的情况。

神奇的生日

有这样一对双胞胎兄弟，哥哥出生在 2003 年，弟弟却出生在 2002 年。

这种情况真的可能发生吗？

 **参考答案**

因为当时这对双胞胎的母亲正在一架向日界线飞行的飞机上，哥哥是在将过日界线的 2003 年 1 月 1 日，而弟弟出生的时候却过了日界线，时间还是 2002 年 12 月 31 日。这样看来，哥哥在时间上比弟弟早了一年。

跳出思维的怪圈

小男孩真聪明

刚过完大年初一，小男孩便跟着爸爸妈妈去给外婆拜年了。

刚到外婆家里，小男孩便看到舅舅旁边已经围了几个自己熟悉的小伙伴。走近一看，只见舅舅的两只手里各拿了一枚2分硬币和一枚5分硬币。他左右手中的硬币不停地换，最后握成拳，然后让他周围的这些小朋友猜他现在左右手中各拿的是哪枚硬币。

有个小男孩想了想站出来说："如果舅舅能把你左手中的硬币币值乘3，右手中的币值乘2，然后把所得的两个数的乘积告诉我，我就能猜出来。"

舅舅一听，便将数值告诉了他，没想到小男孩还真的猜对了。

你知道小男孩是如何猜出来的吗？

参考答案

小男孩是利用了数字的奇偶性来判断他的舅舅手里的币值的。

如果两乘积之和是奇数，则左手拿的是5分硬币；如果两乘积之和是偶数，则左手拿的是2分硬币，

别具一格的分工

有甲、乙、丙、丁四个同学一起出去游玩。中午时分，他们一个个肚子都饿了，于是他们便商量着分工做饭。

现在他们一个在挑水，一个在烧水，一个在洗菜，一个在淘米。并

且，甲不挑水也不淘米，乙不洗菜也不挑水，如果甲不洗菜，那么丁就不挑水，丙既不挑水也不淘米。

由于他们分工明确，不一会儿，他们便将午饭做好了。

你能根据这些提示猜出他们4个同学各做什么吗？

甲洗菜，乙淘米，丙烧水，丁挑水。

脱　险

有一个商人，外出做生意，谁知路上遇到了一群绑匪，把他随身携带的所有钱财都给劫走了。

因为这个商人是个远近闻名的富商，所以这伙绑匪对这个商人的情况比较了解。为了得到更多的钱财，这帮绑匪决定要商人的家人用大量的钱财换取商人的性命。

他们将商人的双手双脚绑着，并把商人的眼睛蒙上，之后，便单独将商人扔在一个狭窄的山间小路上。

此条路的两边都是悬崖峭壁。商人一听旁边没人，便往一个方向用双脚蹦起来，没想到，就这样蹦着，他竟然真的逃了出去。

他是怎么逃出去的呢？

因为这条山间小路是在悬崖峭壁的崖底夹着的。只要不碰到两边的峭壁便会很顺利地逃出去。

钓鱼趣闻

老刘和老李是邻居，又是好朋友，同时又是钓鱼爱好者。无论春夏秋冬，他们都会相约前往公园的湖畔垂钓。如果没有特别重要的事，即使严寒酷暑也阻挡不住他们钓鱼的热情。

去年的冬天，极度寒冷，老刘和老李依旧不放弃他们的钓鱼爱好，带上鱼竿和鱼篓就向公园进发了。到公园后，两人才发现湖水已经结了一层厚厚的冰。

人站到上面都没有什么问题，该怎么办呢？回去拿工具钻洞，路程太远，就没有时间钓鱼了。用火烤，太危险，公园里的工作人员也不允许。这可使两位老人犯难了。

老刘突然对老李说："老李头，咱们钓鱼都钓了大半辈子了，今天就不钓了，咱们看谁能钻出一个冰洞。"老李说："这有什么难的，拿工具来不就行了。"老刘说："这可得动动脑筋了，不能利用我们平时所用的方法，也没有时间限制，答案我已经想好了，老李头，就看你的了！"

老李绞尽了脑汁，也想不出所以然，他所想到的方法也就是常人所知道的，最后不得不向老刘请教。老刘看老李着急的样子，也就把自己的方法告诉了老李。老李听后直说"有道理，有道理"。

你知道老刘用什么办法融冰钻洞吗？

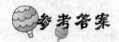参考答案

用一些黑色塑料袋或是煤屑铺于冰面上，在太阳光的照射下，黑色的物品会吸收太阳光，并产生热量，之后将冰层慢慢融化。

组字的游戏

新的学期开始了，某重点大学又迎来了一批新生。

然而在这所重点大学中文系的首堂课上，竟出现了如此有趣的一幕。

同学们各自拿着笔，不停地写着画着。有的做沉思状，有的面露自信的微笑，有的是松了一口气的感觉。

总之，在外人看来，这是不可思议的，同学们为什么会有如此生动而丰富的表情呢？原来，他们的教授给他们出了一道有趣的组字题，如果在两分钟内不能做出正确答案的话，就必须发表入学感言或表演节目。

其实，教授所出的题目很简单，初中生也会做出来，只是在很短的时间内，再加上心理负担大，因此难免自己给自己增加难度。题目是这样的，在"二"字上任意添加两笔，组成一个新字，共计能组成 14 个新字。两分钟后，结果很快出来了，只有极少数同学完成了教授所出的题目。

你能猜到这 14 个字分别是什么字吗？

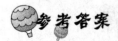参考答案

王、开、五、夫、毛、手、仁、月、云、无、井、丰、天、口。

2px
跳出思维的怪圈

树有多高

　　春天来了，万物复苏。草儿已探出头来，树儿开始变绿，花儿竞相开放，到处是一派生机盎然的景象。

　　有一天，天气格外晴朗，温暖的阳光照耀着大地。为了好好地感受一下春天的美好，两个特别要好的朋友决定去郊区游玩一番。

　　临近中午时，他们来到了一片空旷的草地中央，发现这里生长着一棵又粗又高的古树。两个人不约而同地发出惊叹声。他们都特别想知道这棵古树到底有多高，可是他们手里只有一盒卷尺，他们两个也都不会

爬树，根本无法对这棵古树进行测量。

就在这时，其中一个人围着大树走了两圈，只进行了简单的测量，便获得了古树的高度。

你知道这个人是用什么方法测出古树高度的吗？

 参考答案

这个人是利用影子测出古树高度的。因为这一天天气格外晴朗，阳光普照，一切物体都可以照出影子，而且在一片较空旷的草地上，影子也是相对比较稳定的。这个人先测量出了朋友的身高，再测量出了朋友影子的长度，最后又测量出了古树影子的长度。根据：身高/人影长度＝树高/树影长度这一比例，就可以很容易地计算出古树的高度。

蜡烛会燃烧下去吗

将水注入到一个大玻璃杯中，注入的水量是玻璃杯容积的2/3，用一根铁钉插进蜡烛的底部，从而使蜡烛得到更好的固定，然后把蜡烛放入水里，并将蜡烛的一小部分露在外面，最后将蜡烛点燃。

过一段时间之后，当蜡烛燃烧到与水面平行的位置时，蜡烛是否会继续燃烧？

 参考答案

蜡烛会继续燃烧。过一会儿你会发现，虽然露在水面上的蜡烛已经渐渐燃尽，但是蜡烛的火焰依然没有熄灭，它仍会在水中继续燃烧。其原因是：当蜡烛燃烧形成的蜡液经水冷却后，就会在水面上形成一层很

薄的外壁，而这层很薄的外壁会将水和火焰隔离开来，这样火焰遇水时便不会熄灭，而是仍然在水面上继续燃烧。

间谍的头脑

甲、乙两个国家正在闹边界纠纷。为了窃取可靠的信息，甲国政府决定派一名间谍前往乙国。刚开始这名间谍企图越过边界进入乙国，但由于乙国戒备森严，他未能成功。

在没有其他办法的情况下，这名间谍决定通过挖掘地道来偷越边界。但是，这名间谍又想到这个方案似乎行不通，因为挖出的浮土一旦增加，就必然会被敌人的侦察机发现。那么，先盖一所小房子，把浮土藏在里面行不行呢？可是这个方法似乎也不行。因为房子不可能盖得很大，浮土一增加，就需要把它运到小房子外面去，同样也会被敌人的侦察机发现。

就在此刻，这名间谍脑子一转，眼前突然一亮。最后他还是通过地道顺利地越过了边界。

这名间谍是如何顺利越过边界的呢？

参考答案

原来，他首先建了一座小房子，挖出地道中的一部分土，然后一边向前挖，一边用挖出的土填埋其身后的地道，这样便可以安全地偷越边界。既然在这座小房子里堆着一部分浮土，那么在地道里就有相当于那土堆体积的空隙存在，足够他呼吸。

如何过冰河

有两个探险家决定到寒冷的北极去探险。两个人到了北极之后，虽然是冰天雪地，但他们依然坚持前行。谁料他们在前行的途中，被一条河挡住了去路。他们想游过去，但冰河十分宽，水又十分凉，甚至很可能会被冻死；他们想绕过去，但是沿着河岸走了5个多小时，也没有绕过去。"要是有树就好了！"一个探险家说，"我们有斧子、钢棍等工具，可以造一只木船。"另一个探险家说："可是，这里到处都是厚厚的冰雪，上哪里去找树呢？"

后来，两位探险家想了一个办法很顺利地过了河，他们没有用到树，而且他们浑身上下也没有被河水沾湿。

请问这两位探险家是用什么办法顺利地通过冰河的？

参考答案

两位探险家用冰造了一条船，两人乘冰船过河。因为冰比水轻，所以冰船是可以浮在水面上的。

女友不吃醋的方法

乔治是一个不折不扣的花花公子。在经历过多次恋情后，终于找到了一位他认为很不错的女朋友。但是，他的这个女朋友有一个小小的缺点，就是爱吃醋。有一天，他约现在的女朋友在一家不错的餐厅一起吃饭，但不巧的是，在他和这位女朋友吃饭的时候，一不小心把口袋中的

东西全掏了出来。其中有酒吧的打火机、兑奖的奖券、便条和前女友的照片。乔治在慌张之际，准备用手去挡住一些东西，这样就可以避免他和女朋友之间的一些不愉快。

乔治用双手挡住的最有效的东西是什么呢？

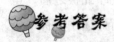

女朋友的眼睛。因为遮住她的眼睛，乔治的女朋友就什么东西也看不见了。

怎样将网球取出

张先生在一个周末约了女朋友在一个网球场打网球。正当他们打的兴致勃勃的时候，网球落入地面上的一个坑洞里。这个坑洞弯弯曲曲且狭小，其直径大约是 10 厘米。手不能直接伸进去把球取出，地面的土质又硬又黏，也不好用工具挖掘。

在不损害网球的前提下，请你帮他们想一个好办法将网球取出。

往洞坑中倒入一些水。因为洞壁是黏性土质，水不会渗入土中。等水多到一定程度，网球就会自己浮出来。

别具一格的聚会

有 3 位老奶奶，分别是艾丽萨、安妮、蒂娜，她们是很要好的朋友，但是，关于天气，她们有着不同的嗜好。艾丽萨在阴天或晴天倒还好说，但不喜欢在雨天出门；安妮性格怪僻，阴天和雨天还可以，但不喜欢在晴天出门；蒂娜喜欢晴天和雨天，非常讨厌阴天，只有晴天或雨天出门。

她们很久没有见面了，于是便决定好好地聚一下。但是，现在她们不知道聚会日的天气情况。

在她们聚会的那一天，如果天气情况一直不变的话，你说他们的聚会能如期举行吗？

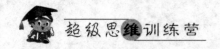

每一种天气都有人不喜欢出门，但是，可以在某一个人家里聚会，就可以避免有人在不喜欢的天气里出门。晴天在安妮家聚会，雨天在艾丽萨家里聚会，阴天在蒂娜家里聚会。

惊心动魄的比赛

某大学，为了丰富学生们的校园生活，于是在全校举行了一次高尔夫球比赛。在这次比赛当中，有一位参赛者接连打出了不少好球。就在他胜利在望、准备最后一击时，高尔夫球滚进了一个某人扔在球场的纸口袋中。此时不能用手触球，用高尔夫球杆击打纸口袋也算一次击球，因此必须小心翼翼。可是，球在纸袋中，此时的这位参赛者不知该如何是好！"怎样才能在不动高尔夫球的情况下，让高尔夫球脱离纸袋呢?"这个问题不停地在他的脑海中盘旋。

你能有什么办法来解决这个问题吗?

将这个纸袋用打火机点燃，使纸袋最后烧成一撮灰，高尔夫球就会很自然地露出来了。

电梯的谜题

露西住在一幢高层大厦的 18 楼。平常她和杰西卡一起出去，但是某一天杰西卡生病了，她只好独自出去了。她乘电梯到了一楼，然后上了公交车。在她回来的时候，她乘电梯仅仅到了 6 楼，然后爬楼梯到了 18 楼。电梯没有出故障，而露西也的确宁愿乘电梯也不愿爬那么高的楼梯。

那么，她那天那么做到底是为什么呢？请你给出一个合理的解释。

参考答案

露西是每天上学、放学回家的小女孩。当她早上进入电梯时，她可以够得着标有"1 楼"的底部按钮。但是回家时，她够不着任何高于"6 楼"的按钮。如果与未成年人杰西卡做伴，那么露西可以请她帮忙按一下"18 楼"按钮，然后可以一直乘电梯到家。

怎样排名

世界第一条长河是尼罗河，世界第二条长河是亚马孙河，我国的长江是世界第三条长河。

那么，在长江未被测出长度以前，哪一条河会是世界第三长河呢？

仍然是长江。

别把婚姻当儿戏

清朝嘉庆年间，有一年轻人，他的一位邻居为他提了一桩婚事，然而他不知道是该接受还是不接受，并且迟迟下不了决心。

在邻居的催促之下，没有主意的他只好求助于算命先生了。

于是，他就来到了街上，听听算命先生的意见。街上有两个算命先生甲和乙，甲告诉他："我说的话，有六成是正确的。"乙告诉他："我说的话，只有两成是正确的。"

这个年轻人想了想，最后选择乙给他算命。

你知道这是为什么吗？

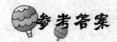

因为乙的错误可能达到八成。如果这位年轻人按照乙的意见的相反方向去办，正确率远远要比甲高得多。

变个魔法

森林王国的小动物们开始上数学课了。大象校长对小动物们说："今天呢，我要给大家变一个小小的魔术。"小动物们都十分的喜欢魔术，听大象校长这么一说，顿时都高兴极了。

只见大象校长用粉笔在黑板上画了一个正方形，并将它切去了一个角。大象校长问小动物们："同学们，这个正方形切去一个角之后还剩几个角呢？""5 个。"小动物们迅速地回答。大象校长接着又说："请同学们在你们的本子上面重新画一个正方形，切去一个角，能让它变成其他的答案吗？"这下可难倒了这群调皮的小动物。

你们能告诉这群小动物正确的答案吗？

参考答案

切去一个角后，除了剩 5 个角外，还可以剩 3 个角，也可以剩 4 个角。

临场的发挥

德国某个大型电视剧正在紧张的拍摄过程中，但是剧中的女主角因病不能到场，所以必须马上寻找一个合适的替身拍一些远景戏。于是，该剧组在当天立马举办了一场紧急试演会，有一位漂亮的小姐前来应征。当她独自进入举行试演的房间时，评审委员便对她说："请你做个动作和台词的即兴表演，随便什么都可以。"这位小姐当场做了一个表演，而结果是还没有等到试演完毕，该剧组就不得不录用她了。

这位小姐究竟做了什么表演使得剧组不得不录用她呢？

参考答案

这位小姐打开试演房间的门，对门外的其他应征者说："这次的紧

急试演会已经结束了，我们剧组已经确定了合适的人选，请各位女士都回去吧。"门外面的应征者听见此话之后就都离开了，这样就只剩下她一个人了。该剧组因为着急用人，所以只能将她录用了。

把垃圾清理掉

每逢旅游旺季，各个旅游景点是人山人海。动物园里的游人自然也不会少，单就那鳄鱼池边就游人如织。但是令公园里的工作人员头疼的是，经常有一些不文明的游客往鳄鱼池里面扔垃圾。工作人员绞尽脑汁想了好多办法都没有解决这个难题。有一天，一个聪明的工作人员突然想了一个办法。他的办法就是在鳄鱼池边立了一块大而醒目的标牌，上面写了一句话，便立刻杜绝了某些游客乱扔垃圾的现象。

这个聪明的工作人员在鳄鱼池边的标牌上面写了一句什么话呢？

参考答案

凡向鳄鱼池内扔垃圾者，必须自己捡回。

神奇的饭店

唐朝的时候，有一个古怪的人开了一家稀奇的饭店，卖的酒也是稀奇古怪。来到这里的客人无不感到新鲜有趣，虽然每每会出现差错，但还是经常有人乐此不疲。

原来，这家酒店平时只卖两种酒，一种好的，一种不好的。怪就怪在这家饭店居然还有一条奇特的规定：想喝好酒的人必须从 4 米多高的竹竿上，将装满好酒的酒瓶拿下来，而且不准用梯子，也不许把竹竿砍断或放倒，而且不能攀爬。许多人，只能望着酒瓶垂涎。

然而，有一天，有一个聪明的年轻游客，途经此地时，却尝到了那悬挂于竹竿上的好酒。

你知道这个年轻的游客是怎么喝到这家饭店的好酒的吗？

参考答案

原来，这个年轻的游客把竹竿移到了附近的井口，将它放下井去，这样就可以很容易地拿到竹竿上的酒了。

跳出思维的怪圈

— 29 —

如何过河

一个寒冷的冬天，一位连长带着自己的部队来到了松花江边，望着松花江面只结了一层薄薄的只有五六厘米厚的冰，心中焦急万分。因为部队必须在上级规定的时间内到达指定地点，否则会贻误战机。

但是冰上面覆盖着一层雪，这样踩在冰面上显然是很危险的，而且只有等到冰层达到七八厘米才会安全。士兵们也很是着急。大家都在讨论着如何过河，一位年轻的士兵突然想出一条妙计。

过了不久，冰层的厚度就达到了 8 厘米以上。部队顺利地过了松花江，并在规定的时间内按时到达了指定的地点。

那么，这位年轻的士兵究竟想出了一条什么样的妙计呢？

有两个办法：一是将河面上的积雪清除，使寒冷传至冰层以下；二是在冰面浇水。

燃烧用的时间

有一天的数学课堂上，刘老师对同学们说："昨晚，我家的保险丝烧断了，就用了两支一样长的新蜡烛。我们不知道它们原来具体的长度，但是它们粗细不同，其中粗的一支能用 5 个小时（全用完），细的一支 4 个小时用完。我是将两支新蜡烛同时点燃的，两支蜡烛都几乎用光了，但是长一些的残烛等于另一支残烛的 4 倍。请你们帮我算出两支蜡烛各点燃了多长时间?"

那么，你知道两支蜡烛各点燃了多长时间吗?

**参考答案**

两支蜡烛各点燃了 3 小时 45 分钟。

礼物哪里去了

父亲节快要来临了，孤儿小宇给父亲寄去了一份礼物，而且还写了一封信。由于信件比邮包快，在信到达后两三天左右，邮包才会到达。但小宇的父亲却没有收到任何礼物。

你说这是为什么呢?

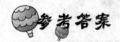**参考答案**

因为小宇是孤儿，已经没有父亲了。

如何画平行线

用一块没有洞的三角板和一枝铅笔，画出平行线。前提是在三角板摆定位置后，不可以再移动。另外，铅笔一次只能画一条线。

画平行线，该怎么画?

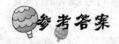 参考答案

把三角板竖立起来，然后在两侧各画一条线，就能画出平行线。

变色的花

赏花的时节到了，有位富家小姐，在闲暇之余来到了自家的后花园。本来以为自己可以看到五颜六色的花儿，没有想到呈现在她面前的却是很多开着红花和蓝花的花圃。

她对此不满。她说："偌大的后花园却只有红蓝两色的花圃，难道

就没有其他颜色的花圃了吗？"一位随身的丫环说："这件事交给我，明天早上您从那里再看好吗？"随身的丫环将手指向了远处的那座高高的木制建筑。这位富家小姐点了点头，心中想：难道你这丫头还会变戏法不成？

第二天，等这位富家小姐登上那座木质建筑时，呈现在她面前的却是一番不一样的景象：紫色的花圃。小姐问丫环缘由，丫环回答后，这位小姐直夸这个丫环聪明。

你能猜出这个丫环是怎么做的吗？

参考答案

原来，她把红蓝两色花混在一个花圃里，远看的话，它便会变成紫色的。

差距在哪里

在一个无风的天气，从甲地开车到乙地，车速每小时 70 千米，途中并无坡道，共用了 90 分钟。回来时仍是原来的路线，车速也一样。可是到了目的地一看表，却走了 1 个小时 30 分钟。

这是怎么一回事？

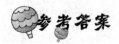参考答案

90 分钟和 1 小时 30 分钟时间一样长。

自由落体运动

你拿一个西红柿，在地上没有任何铺垫物的情况下，让它自由下落。

在地上没有任何铺垫物的情况下，你能够使西红柿下落2米而不破吗？

参考答案

可以。只要将西红柿的高度拿到2米以上，然后让西红柿自由下落，当它下落了2米的时候，并没有碰到地面，当然不会破喽。

谁的答案是对的

装在电路上的铁丝坏了，一滴冷水滴在铁丝右端。那么，铁丝左边的温度和刚才相比有什么变化？

小明说："左端比刚才冷。"

小亮说："左端要比刚才热。"

小强说："左端温度不变。"

他们三个谁答对了呢？

参考答案

小明答对了。因为铁丝遇冷后，电阻会变小，从而引起电流变大，铁丝的左端在电阻不变电流增大情况下，温度会升高。

女孩叫什么

一天，普鲁勒斯先生外出办事时，碰到了一个久别的老朋友。

"自从上次见到你，到现在已经有好几年了。"他说。

"是啊，"他的朋友回答说，"自从上次我们在伦敦见面之后，我就结婚了，我和我的爱人都在伯明翰工作。你肯定不认识，这是我们的小女儿。"

"好漂亮的孩子！"普鲁勒斯先生说，"你叫什么名字？"

"谢谢您先生，我和我妈妈同名。"

"哦，是吗，你和玛格丽特长得真像。这也是我很喜欢的一个名字。"普鲁勒斯先生说。

那么，普鲁勒斯先生是如何知道这个小女孩的名字是玛格丽特的呢？

参考答案

普鲁勒斯先生的那个朋友是位女士，而不是男士；她女儿的名字当然就是玛格丽特。

关于字母的游戏

五一节来到了，几个比较要好的朋友相约一起驾车到大连游玩一番。可是，由于路途比较远，坐在车里时间久了，他们觉得有点无趣。

突然，其中一位朋友说要与大家共同分享一个有趣的思维游戏。话音刚落，其他人便一致同意，并着实来了兴致。这个思维游戏就是在"SHONIX?"的"?"处填上适当的字母。

你能将"?"处的字母填写出来吗？

S、H、O、N、I、X 是字母表中上下颠倒后照样可以读出来的字母。因此，"?"处的字母就只剩下"Z"了。

第二章 开发你的新思维

遗产的纠纷

古时候，有个商人在其有生之年积攒了不少的家产。他有两个儿子。这位商人为了使兄弟二人日后不因家产而闹纠纷，特在临终时立下遗嘱，死后家产平分给两个儿子。

这个商人死后，叔父按遗嘱平分家产。兄弟二人都疑心叔父偏心，给对方的家产分多了，因而兄弟二人还是吵闹到了官府。县太爷听了二人的申诉后，稍作沉思便圆满地解决了这场纠纷，同时还令兄弟二人心服口服。

请问你知道这位县太爷是如何解决这场遗产纠纷的吗？

原来，县太爷让这兄弟二人互换了一下分得的家产。

该怎样表示

有一位同学特别喜欢数学，是个出了名的数学爱好者。有一天，这位同学遇到了一道难题来找数学老师帮忙，题目是：用3个9来表示2。这位数学老师听完题目后，就很快把答案告诉了这位同学，并且说："其实，这个题目很简单，用简单的数字符号就可以很顺利地完成。"

你知道该怎么运用数字符号表示吗？

$(9+9)\div 9=2$

叶公好龙

有一个成语故事叫叶公好龙，说的是古时候有位名叫叶公的人，非常喜好龙，因此，在他家里的房梁上、门柱上到处都刻画着龙。甚至叶公穿的衣服上都有龙的图案。龙听说了这件事情以后，十分受感动，就从天而降，来到了叶公的家里。但在叶公见到真龙的那一刻，却被吓得昏过去了。

请你根据叶公的表现，猜一种动物。

参考答案

恐龙。

芝麻油该怎样分

霍先生这次从老家回来的时候，特地带了一些芝麻油。因为老家的这种芝麻油纯且香，特别的地道。因此几乎每次回老家，霍先生都要带些回来。朋友这次让霍先生带 4 升芝麻油回来。

但不巧的是，霍先生在为这位朋友购买芝麻油时，发现卖芝麻油的那家作坊里只剩下一个 5 升的空桶，还有一个旧的 3 升的小壶。朋友只要 4 升芝麻油，店主一时没法找到量具。这可难倒了店主。最后，霍先生还是想了个办法解决了这个难题。

你知道霍先生是如何解决这个难题的呢？

参考答案

原来霍先生是这样做的：

（1）将 3 升的小壶倒满芝麻油，然后，把芝麻油倒入 5 升的桶中。

（2）将 3 升的小壶重新倒满芝麻油，然后，再倒入 5 升的桶中，倒满为止。

（3）3 升的小壶这时剩下 1 升的芝麻油，等到把 5 升桶中的芝麻油倒回盛芝麻油的器皿之后，接着把 3 升的小壶里剩下的 1 升芝麻油倒进 5 升的桶中。

(4) 将3升的小壶重新倒满芝麻油,然后倒入5升的桶内。这时,桶内正好是4升芝麻油,即霍先生的朋友此次想要购买的芝麻油。

怎样辨别磁铁

有两个大小相同的铁条,一个是磁铁,另一个是普通的铁条。把它们以某种方式放在一起,以此来确定哪个是磁铁。只能试一次,而且不可以使用其他东西。

如何解决这个难题呢?

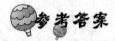
参考答案

用一个铁条的一端接触另一个铁条的一端,它们之间就会产生吸引力,但这样却无法说明究竟是哪个铁条在吸引对方。然而,当你用一个铁条的一端接触另一个铁条的中间部位,那么就会发生下面的情况:如果与另一个铁条的中间部分相接触的铁条是磁铁的话,那么它会吸引另一个铁条;反之,如果不是磁铁的话,那么它就不会吸引另一个铁条,因为磁铁在中间部位几乎没有什么磁力。这如果与另一个铁条接触的铁条是磁铁的话,那么它会吸引另一个铁条;如果不是的话,那么两条铁条之间就没有吸引现象。

真假花的辨别

田野里春意盎然,蝴蝶和蜜蜂在花丛中飞舞着。调皮的妹妹拿来两朵一模一样的花让姐姐猜哪一朵是真花,哪一朵是假花? 但不能用手去摸，也不能去闻，只能远远地看着。

但最后妹妹还是没有把姐姐难倒。

你知道这位姐姐是如何辨别真假花的吗?

 **参考答案**

原来，只见这位姐姐打开窗户，不一会儿，蜜蜂就飞到了屋内。蜜蜂只采真花。

皮特如何选择

英国的一个小镇有个理发师叫皮特。皮特特别注重外表，他的理发店总是特别的干净、整洁，而且皮特的理发技术也特别的棒。但是皮特经常说他宁愿为两个法国人理发也不愿意给一个美国人理发。

你知道皮特为什么这样说呢?

 **参考答案**

皮特当然愿意为两个法国人理发，因为给两个人理发比给一个人理发多赚一倍的钱!

与法院院长是什么关系

某星期天的上午，有一位法院院长在公园与人下棋。这时，跑来一个孩子，着急地说:"你爸爸和我爸爸吵起来了。"这时，旁人问这个

跳出思维的怪圈

法院院长："这是你的什么人？"法院院长回答说："是我的儿子。"

吵架的两个人与这个法院院长是什么关系？

参考答案

吵架的两个人分别是法院院长的父亲和丈夫。

该如何看电影

李女士每次到电影院看电影，放映中途一定会睡着，而不知道中间的故事内容。可是，有一天她看到一半时间睡着了，电影结束后，她竟然知道整个故事情节。而她是第一次看这部电影，事先也不知道

电影内容。

这到底是怎么回事呢？

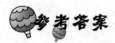

李女士一直睡到下一场电影演到她睡前的那一幕才醒，并接着看完。

水位是如何变化的

将一个装有一块铁的小木盒，放进装有很多水的大玻璃缸里面，使其漂浮于水上。现在将这块铁拿出来放进水里。

请问此时水面的位置会有什么样的变化？

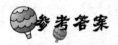

水位上升了，因为铁的密度大于水而沉入水底。当铁块在小木盒里时，小木盒浮在水面上，水位没有上升也没有下降。

怎样看见对方

冬冬和明明，一个人面向南站立，一个面向北站立，他们不能回头，更不能走动，也不能照镜子。

请问冬冬和明明怎样才能看到对方的脸呢？

超级思维训练营

参考答案

他们可以直接看到。因为他们一人面朝南，一人面朝北相对而站，所以直接就能看到。

特别的选择

有一天，有一个书生进京赶考，途经一条河。他一个人想过河，便大声问渡船上的船夫："你们中间有哪位会游泳？"

这位书生的话音刚落，许多船夫就立刻应声围了上来，然而只有一位船夫没有走近。

这位书生走过去问道："喂，请问这位船家你的水性可好？"

"对不起，我不会游泳。"

"好，这位船家我就坐你的船过河！"

请问这位书生为什么要坐那位不会游泳的船夫的船过河呢？

参考答案

因为这个船夫虽然自己不会游泳，但是他必定会小心行船，这样才比较安全。

司机糟糕透顶了

警察一听到杰克这个名字，就觉得头疼。因为杰克是警察公认的城里最糟糕与最危险的司机。他经常在马路上飙车，不是闯红灯、超速，就是在单行道上逆向行驶。

然而，令警察奇怪的是，杰克在将近 20 年的时间内，就好像销声匿迹了一样，从没有一次违规记录，也没有被警察逮捕或告诫，驾照上没有任何不良记录。

你知道这是为什么吗？

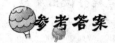参考答案

因为杰克在 20 年内从来没有再开过车。

如何击中帽子

某支部队的战士们正在练习射击。连长用眼罩把一个战士的眼睛蒙上，又把自己的帽子挂了起来，让这个兵向前走了 40 米，然后反身开枪，要求子弹必须击中那顶帽子。

那个士兵要如何做，才能击中那顶帽子呢？

参考答案

可以把帽子挂在枪口上，这样就能轻松做到了。

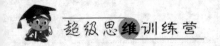
思维的转变

在空闲的时候，找一两个朋友，让你的朋友把"亮月"这个词迅速地说20遍，然后再让他把"月亮"迅速地说20遍。等他说完之后，你马上问他你叫什么，让他快速地回答。

你的朋友会怎样回答你呢？

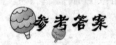

虽然每个人的名字都不相同，但是很多人未经思考就会做出反应，回答说"月亮"。这就是思维惯性的影响。

摘桃子的人

一个没有双眼的人看到树上有桃子，他摘了桃子又留下了桃子。这是为什么呢？

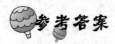参考答案

他虽然没有双眼，但是他有一只眼睛。他可以看见任何事物，当他看到树上有两个桃子，摘下一个并留下一个，所以他摘了桃子又留下了桃子。

正方体的魔力

玲玲的学校最近准备举行一次厨艺大赛，玲玲也报名参加了比赛。

为了在这次比赛中取得好的成绩，玲玲决定在周末跟着厨艺不错的妈妈再学些"本领"。当妈妈拿出一个正方体状的豆腐准备做菜时，一刀切去一半，豆腐就还有 5 个面。

玲玲便突然想到了数学中有关正方体的一些知识。于是，便亲自试验了一下，后来玲玲又有了新的大发现——正方体一刀切下去会有不同的变化。

"妈妈，正方体原来可以变魔术啊！"玲玲高兴地向妈妈讲道。

那么把这块豆腐随便切上一刀，还可能剩下几个面呢？

跳出思维的怪圈

这个正方体形状的豆腐有4种不同的切法，一刀切去一部分剩下的面可能有4个面、5个面、6个面、7个面。

责任哪里去了

每个国家都有相应的交通规则来维持本国的交通秩序，而各国的交通规则都有一条明文规定：有步行者横过马路时，车辆就应停在人行道前等待。

可是，有一天，偏偏有个汽车司机，当交叉路口上还有很多人横过马路时，他却突然撞进人群中，全速向前跑。这一奇怪的现象并没有引起交通警察的重视。

难道是这个交通警察一点也不负责任吗？

原来，汽车司机没开车，他是步行着撞进人群，全速向前跑的。

士兵的勇敢

有一天，某个国家的空军在进行空中训练。在海拔1000米的高度，一架直升机在空中盘旋。这时机舱门打开，突然一个没带降落伞的士兵勇敢地跳了下来。落地后，居然若无其事地走开了。

这究竟是怎么一回事呢？

此题关键在"海拔"二字。飞机在海拔1000米高度，士兵从飞机上跳到海拔999米的山头上。实际上只跳了1米，当然不会受伤。

激烈的古代战争

古印度，一个国王有两匹马，国王将它们用于对邻国的战争。

某一天，两个国家的战斗打响了，而且战斗进行得非常激烈，邻国的战马都牺牲了。当这场战斗结束时，无论是胜者还是败者，都肩并肩地躺在了一起。

这到底是一场什么战斗呢？

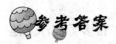

这是一场国际象棋大战。

羊 与 狼

冬天来临了，雪一连下了好几天，地面上积满了厚厚的雪。

有一只狼一直找不到吃的东西，饿得瘦瘦的，于是它下定决心，到农庄里寻找食物。

在一个晚上，趁着天黑这只狼到了农庄，它发现有一只肥羊被关在

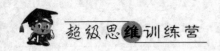

一个铁笼子里。而笼子的缝隙正可以让自己钻过去。可是，如果吃完羊再出来的话，自己就出不来了。

但是它不想放弃这次饱餐一顿的机会。

最后它还是美美地饱餐了一顿，并且逃离了牢笼。

这只狼是如何做到既吃到羊又可以从容逃脱的呢？

参考答案

原来，他钻到笼子里，把羊撕成一块一块的，从笼子里扔出来，自己再钻出笼子，这样就可以吃到羊又不被笼子困住了。

番茄汁哪儿去了

在美国西部的加利福尼亚州的一个农场里，有一个先生种植了许多的瓜果蔬菜。

但是这个先生很粗心。有一天，他自己在家里做了很多番茄汁。他的两个儿子在他不注意的时候，就开始拿着这些番茄汁做游戏。

哥哥站在窗下，淘气的弟弟趁哥哥不注意，把一杯番茄汁朝哥哥的头上倒了下去。番茄汁正好成一条直线，落向哥哥的头上。

粗心的先生大惊失色，连连埋怨自己的儿子，因为番茄汁一旦倒到了地上，他又要忙着打扫卫生了，还要另外制作番茄汁。可当他急忙赶窗户边时，却发现了一个奇怪的现象：哥哥头上一滴番茄汁也没有，地上也没有番茄汁的痕迹。

请问番茄汁到底倒哪儿去了呢？

哥哥朝上张开大嘴，将流下的番茄汁全部喝进去了。

旋转的圆

兰兰拿着 3 个圆圈在玩耍，她把这 3 个圆每分钟分别转 3 圈、4 圈、5 圈。

多少分钟后，这 3 个圆可以组成一个完整的三角形？

参考答案

永远不能，因为圆是圆的，永远转不成三角形的形状。

真实的获奖感言

卢卡斯是一个赛车爱好者，经常参加一些赛车比赛。但遗憾的是，他从未获过奖，而且经常是倒数第一名。而在这次的赛车比赛中，卢卡斯获得了冠军。

记者问卢卡斯："你每次比赛都是倒数第一，这次却一举夺魁，请问你有什么诀窍？"但是，卢卡斯的回答却让记者感到非常的失望。

你猜卢卡斯是怎么回答记者的呢？

跳出思维的怪圈

— 51 —

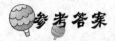

参考答案

　　卢卡斯回答记者说:"因为此次比赛中其他车手的赛车都因出现状况而退出,所以我获得了冠军。"

猜 猜 看

　　人体的一部分,横排是两个,竖排是3个。
　　这是什么呢?

参考答案

　　眼睛。因为眼睛左右各一只,共两只,"目"字则是由3个小长方形竖叠在一起。

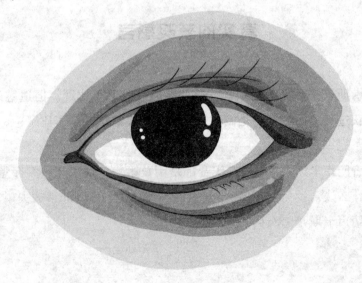

一件奇妙的东西

你在那个东西前面的话，你就在那个东西的里面；你在那个东西里面的话，你就在那个东西的前面。

你知道这件奇妙的东西是什么吗？

参考答案

镜子。

亲密无间的"夫妇"

有一天，李阿姨去公园游玩。刚来到公园后不久，就看见不远处的长椅上坐着一对男女，两人聊天聊得非常开心，看了让人觉得十分羡慕。李阿姨猜想：这两个人一定是最近刚结婚的。

在经过他们跟前的时候，李阿姨顺便上前询问了他们。可是男士说这位小姐不是他的太太，而小姐也说男士不是她的丈夫。

李阿姨觉得有点奇怪。

如果李阿姨猜想的没错，而且这两个人也没有离婚，那么请问这究竟是怎么一回事呢？

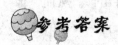
参考答案

看起来很亲热的这对男女，事实上是兄妹，而且哥哥最近找到了自

跳出思维的怪圈

己的如意新娘，妹妹最近也找到了自己的如意郎君，他们两个都新婚
不久。

怎样才能不湿杯底

有一天，放学回家，明明和亮亮兄弟两个在家里玩耍了起来。各自
玩着自己感兴趣的游戏，并乐在其中。

明明突然问弟弟："亮亮，我这边有一个玻璃杯，还有装满水的盆
子，而且这个杯子底部的里面是干的，现在要将杯子放进这个盆子里，
但要使杯子的底部仍是干的，你能做到吗？"

谁知，亮亮走到明明的跟前，直接做了个动作便成功了。

你知道亮亮是如何做到的吗？

原来，亮亮直接将杯子扣着放进水里。因为这样杯子里面充满了空
气；空气的压力，水就不会流进去，杯子底部也就不会被水弄湿了。

店主的聪明

在西方一些国家，商店在星期天出售某些商品是违法的。像图书和
某些电器等在短期内不会失去效用性的商品，则不允许出售。然而，像
水果这种有时间性、易变质的商品则可以出售。因此，许多商店的店主
看着星期天那些不太高的营业额，时常感到头疼。

然而，也有许多聪明的店主，在星期天，还是将图书和某些电器合

法地卖了出去。

你知道那些聪明的店主在星期天是如何将图书和某些电器都合法地
卖出去的呢?

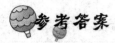

参考答案

原来,他们将水果的价格提高,将某些电器或图书当作赠品。

士兵执勤

两名士兵奉命站在边境附近设有关口的通道上,负责监视通道上来
往的车辆。于是,两人一个朝南一个朝北,动也不动地执行监视任务。
以下是两名士兵的对话:

甲:"好冷啊!"

乙:"是啊!"

甲:"你胸前的扣子松开了!"

乙:用手摸摸胸前:"啊,真的耶!"

请问甲如何能看到乙的胸前?

参考答案

两名士兵面对面地站着。他们奉命执行这项任务时,长官只告诉他
们监视两边的车道,并没有告诉他们一定要背对背地站着。

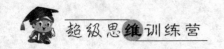

特殊待遇

有一次，有一位专家被邀参观一个炼油厂，可是这位专家有一个嗜好——抽烟。炼油厂厂内外到处都张贴着大而醒目的标语——"禁止吸烟"。然而，这位专家在将要进炼油厂的那一刻，他并没有受到门卫的阻拦。在整个参观过程者中，嘴里一直都叼着烟。更令人惊讶的是，招待他的几个人员对他很客气而且很有礼貌，并没有责怪他。

你认为这种情况可能发生吗？

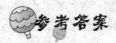

可能。因为专家叼着的是闻的或嚼的香烟，这种香烟不需要点火。

他们分别有多少钱

甲、乙、丙3个小孩，均掏了掏自己的口袋，并拿出所有的钱。总计有一元纸币两张、五角纸币两张、一角纸币两张，金额总计为三元两角。其中，两个孩子拿出来的纸币有两张以上是同样的。此外，没有一元纸币者，同时也未带角币。

请问，甲、乙、丙3个孩子拿出来的钱分别是多少？

遗产只有一半

宋先生的妻子早逝多年，宋先生也因绝症而久卧病床。有一天他自知命不久矣，便把唯一的独生子小博唤来，把遗书交付小博之后便撒手而去。独子小博自从母亲死后就一直和父亲相依为命，可是当他展读遗书时，却发现自己只得到1/2的遗产。

宋先生既无父母、续弦和私生子，其独子小博也未婚，在这种情况下，为什么小博只得到了一半的遗产呢？

参考答案

因为小博的母亲生前带着姐姐改嫁他的。

三个人卖梨

老张、老李、老王三人卖梨。他们事先说好了，3个人的梨卖价始终都要一样才行。结果老张把11个全部卖了，老李卖了10个，老王卖了9个，但是三人卖梨所得的钱，结算起来却都一样多，

请想一想这是为什么呢？

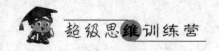

因为他们把梨分两个阶段来卖，例如，第一阶段：一个卖 20 元，老张卖 4 个、老李卖 5 个、老王卖 6 个。第二阶段：一个卖 10 元，老张卖 7 个、老李卖 5 个、老王卖 3 个。

水量为什么变少了

琪琪和晶晶是姐妹。每一次她们在家里的浴缸泡澡，总是琪琪洗完再轮到晶晶。有一天，妈妈将两姐妹入浴顺序倒了过来，结果浴缸里剩下的洗澡水竟然变少了。

然而这一天浴缸里的水和平日一样多，而且两姐妹用掉的水量也和往常一样，没有人在中途加水或放水，妈妈刚开始也一直感到很奇怪，看了看那两个可爱的宝贝后，又仔细想了想，便开心地笑了。

水量为什么会变少了呢？

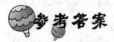

因为晶晶比琪琪要胖，晶晶先进浴缸泡澡，溢出浴缸而流掉的水，会比琪琪先使用浴缸的时候多，所以剩下来的水会比往常少。

飞行员叫什么

你是从昆明飞往郑州的一架飞机上的飞行员。昆明距离郑州比较远，飞机以每小时 900 千米的速度飞行，要飞 2 小时 30 分钟左右。一次，由于天气原因，这架飞机中途多飞了一段时间。

这位飞行员的名字叫什么呢？

这位飞行员的名字就是"你"的名字。

吃硬币的小猪

小猪不小心吞下 1 元钱，主人看见，就把它倒过来拍。这一拍，小猪却吐出了 20 元钱。

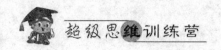

这时，主人接下来会做什么呢？

主人会继续喂它1元钱。

丰富的想象力

有一天，上语文课时，唐老师布置了一篇课堂作文，题目是《假如我是总裁》。这时，除了一位学生靠在椅子上无动于衷外，绝大部分学生马上埋头写作。

唐老师很好奇，于是就问这位学生为什么不写，他说了一句话，让唐老师无话可说。

你猜这位学生的回答是什么呢？

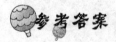

我在等秘书。

巧妙装鸡蛋

随着环境污染问题的加重，世界许多国家逐渐认识到了环境保护的重要性，因此许多国家的便利店、超级市场都不提倡用塑料袋。

有一天，约翰穿着背心、短裤，打完篮球准备回家时，突然想起了妈妈让他帮忙买10个鸡蛋回家。于是，他跑到了便利店。

便利店没有袋子，约翰没有把自己的衣服脱下来装鸡蛋，也没有其他可以装鸡蛋的工具，但他还是把这些鸡蛋拿回家了。

你知道约翰是怎样把鸡蛋拿回家的吗？

约翰先把篮球里的气放掉，再把篮球压瘪，使球呈一个碗形状，然后把鸡蛋放在里面拿回家。

不一样的顾客

有一天，卡迪夫的商店里面来了两位特殊的客人。首先是一个哑巴，他要买钉子。他先把右手食指立在柜台上，左手握拳向下做敲击的动作。

见到这样的动作，卡迪夫以为他要的是锤子，便将一把锤子拿了出来，但哑巴连忙摇头，于是卡迪夫明白了他想买的是钉子。哑巴买完钉子之后便很高兴地走了。过了不久，又进来了一个盲人，她想买的是一把剪刀。

你觉得这个盲人会怎么做呢？

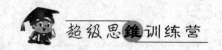

参考答案

直接用嘴说出来要买一把剪刀。你是不是想说用手做剪子状比划呢？错了，因为盲人不是哑巴，会说话，不需要用手比划。

独特的装修

詹姆斯先生最近买了一栋新房子。此栋房子是他用来迎娶他心爱的新娘子用的，因此他想把这所房子装修得特殊一点。如一个窗户，高和宽都是 2 米，他想把它的一半面积漆成蓝色，而同时要留出两个无漆的正方形。

詹姆斯先生怎么做才能将这窗户漆好呢？

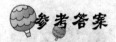参考答案

他可以先把窗户平均分成 4 份，再把成对角的两个正方形漆成蓝色的。

巧切比萨

有一个周末，露西的爸爸从外面为她和妹妹买了她们特别喜欢吃的比萨。这让她们姐妹两个高兴极了。

爸爸看见她们那高兴的样子，说道："两位小姐，现在爸爸给你们出一道题，考考你们。如果回答对了，下一次，就给你们买一个更大更

美味的比萨。问题就是如果在这个比萨上面切 4 刀，那么最多可以切成多少个大小不同的碎块呢？"

你能帮她们想一想这个比萨最多可以切成多少个大小不同的碎块吗？

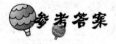 **参考答案**

这个比萨最多可以切成 11 个大小不同的小块。

米娅的挑剔

米娅对什么都挑剔，对于数字就更加敏感了。她喜欢 225，不喜欢 224；喜欢 400 不喜欢 500，特别爱 144，但讨厌 145。

根据以上的信息，请你判断出米娅是喜欢 900 还是喜欢 800 呢？

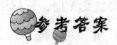 **参考答案**

900。米娅喜欢的数字都是某个数的平方。如 225 是 25 的平方，400 是 20 的平方，那么米娅喜欢的当然是 900，因为它是 30 的平方。

切西瓜的小猴子

小猴子淘淘生日的那一天，妈妈给他买了他最爱吃的西瓜。他非常高兴，抢着要切西瓜。可是猴子妈妈就是不让他切，说他切得不均匀、

跳出思维的怪圈

不整齐。小猴子淘淘很不服气地说："妈妈，我们的大象老师昨天教给我们一个切西瓜的小招数，只切4刀就可以把西瓜切成15块!"小猴子的妈妈怎么也不信，结果就让淘淘当场演示了一下，没想到，淘淘真的就只用4刀就把西瓜切成了15块。

你知道小猴子淘淘是怎么切西瓜的吗?

参考答案

横着切一刀，竖着切一刀，再水平切一刀，这样就把西瓜切成了8块;然后再在靠近西瓜中心的位置斜切一刀，在8块中，这一刀就又多切出7块，所以4刀共可以切成15块。

摔不死的人

有一个人，住在一座大楼的第25层，他从第25层的窗户上往下跳，而地面上没有任何做铺垫的物品，但是他落地后却毫发无损，好好地活着。

这是究竟是怎么一回事呢?

参考答案

虽然是第25层，但是那个人是从第25层的窗户上往第25层内的地面跳的，这样他就毫发无损，仍然好好地活着。

你知道是星期几吗

如果今天的前 5 天是星期五的前 1 天，

那么后天是星期几？你能算出来吗？

参考答案

星期四。你首先要弄清楚今天是星期二，才能判断后天是星期几。

狗是被冤枉的

3月20日早上，高先生被发现死在自己的家里，他是在和汪先生通电话时被自己养的狗咬死的。高先生生前因公事出远门，在临行之前，他就拜托汪先生照顾这只狗。汪先生成为重要的嫌疑人，但并没有确凿的证据。因为案发时，汪先生在另一座城市旅游。即使这条狗不被汪先生训练成咬人的工具，也不可能在另一座城市发号施令，指挥狗咬人。

为此，大多数人都断定是狗兽性突发，将高先生咬死的。

然而，负责这个案子的一名警察却有不同的看法，而且断定主谋就是汪先生。

这名警察凭什么断定汪先生就是这个案子的主谋呢？

跳出思维的怪圈

　　汪先生对这条狗进行了训练，使其一听见电话铃响就会立刻对人进行攻击。案发的当天，汪先生打电话给高先生，狗一听见电话铃声，便依照平日的训练去攻击人。

伪　证

　　一个夏日的早晨，一家大型商场的工作人员上班时，发现保险柜被撬了，一对价值近30万元的戒指不见了。然而，值得庆幸的是，罪犯在柜子上留下了指纹。警方据此断定罪犯作案的时间是凌晨3点左右。

经过调查，给此商场运送货物的货车司机的指纹与作案现场的指纹相符。

警方传讯了这名司机，可司机却说他对拍摄植物很感兴趣，这段时间他正在家中拍摄牵牛花开花的过程，并将其拍摄的照片拿了出来。此刻，审讯陷入了僵局。

迷惑不解的刑警来到植物研究所，向专家进行了请教。牵牛花在夏日早晨开放得到了证实，而且经对比，确认司机所拍摄的照片就是其家中的牵牛花。这就怪了，指纹是不可能相同的。

请问这名司机究竟是不是盗窃犯呢？如果是，那他又是采取什么办法分身的呢？

 参考答案

其实，司机就是盗窃犯。他用一定的方法推迟了牵牛花开花的时间，例如用塑料膜做套子，套在花蕾上等。在作案后迅速返回家中，拍摄出牵牛花开花过程的连续照片作为伪证。

爱劳动的姐妹

周六的早上，一对姐妹去花园里玩。她们玩着玩着就累了。于是，她们决定到花园的小屋里去休息一下。

进到小屋以后，她们突然发现，屋子里有一层薄薄的灰尘。姐妹两个想肯定是爸爸妈妈最近比较忙，忘记打扫卫生了。为了让爸爸妈妈高兴一下，两姐妹商量好要把花园里的小屋打扫干净。

于是，她们也顾不得刚才那股累劲儿，热火朝天地干起活来了。谁知干完活以后，姐姐的脸上脏兮兮的，满是灰尘，而妹妹的脸上却干干

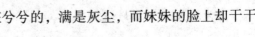

净净。脸上干净的妹妹急急忙忙跑去洗了脸，而脸上脏兮兮的姐姐却没有去洗。

花园的小屋内没有镜子，那么，为什么两姐妹的行为会如此不同呢？

参考答案

她们把小房子打扫干净后，屋里没有镜子，但两个人互相能够看到对方的脸。脸上干净的妹妹看到姐姐脸上很脏，就以为自己的脸上也很脏，于是跑去洗脸了。而姐姐恰恰相反。

照片是怎么回事

史蒂文决定去一个著名的旅游胜地去旅游。到那里若是不带相机的话，一定会觉得很遗憾。因此史蒂文特意买了一架照相机。但是，史蒂文对于照相来说确实是个"门外汉"，于是，他只好托一位摄影师朋友按照中午晴天无云的条件对好了光圈和时间等。但是让史蒂文意想不到的是他按这个条件所照的照片，多半颜色暗淡，就像傍晚时候的景色一样。

史蒂文的那位摄影师朋友是不会弄错的，那个著名的旅游胜地的天色也不会是阴云满天，那这究竟是什么原因呢？

参考答案

因为这天中午正好遇到日食。

防盗措施

约翰、吉姆和皮特都是航海爱好者。他们共同拥有一只小艇，他们经常一起去航海。有一天，他们做出了一个新的安排：每个人可以随时取用小艇，而小艇又不被别人偷去。为此，他们特地用 3 把锁和 1 条铁链将小艇锁在岸边。然而每个人只有 1 把钥匙，但都能用自己的钥匙把锁打开，而用不着等待另外两个人带着他们的钥匙来帮忙。

他们这个巧妙的安排是怎样做的呢？

 参考答案

把 3 把锁一个接一个地锁在一起，3 人中任何一人都可用他的钥匙把锁打开或者重新锁上。

巧妙的话

在一个熙熙攘攘的街头，有一个骗子和人打赌赢钱。骗子所定的规矩是，一个人说一句话。如果另外一个人不相信的话，就要给说话的人5 英镑。

很多人都参与了进来，但是在打赌的人中，有绝大多数的人都输了钱。这时，有个名叫吉姆斯的小孩恰巧路过此地，看到了这一幕，他便从人群中走了出来，径直走到骗子的跟前，说："我愿意用刚才的规矩和你打赌赢钱。"骗子点了点头说："好的，没有问题！"

于是，小吉姆斯每次都对骗子说了同样的一句话，而骗子每次只能

回答不相信，并无条件地给小孩5英镑。于是，小吉姆斯很快地把大家输的钱赢了回来，并还给了大家。

那么，请问小吉姆斯究竟说了一句什么样话呢？

原来，小吉姆斯说的一句话是："你欠了我5英镑。"骗子如果相信，就要老实地给小吉姆斯10英镑。还不如不相信，这样的话损失会相对小一些。

过河的学生

有个姓马的小学生想跳过两米宽的一条河，试了很多次都失败了。可是后来，他什么工具也没用就达到了顺利过河的目的。

你知道他用的是什么好办法吗？

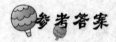

"小马"长大成人后，实现了自己的愿望。

顽皮的猫

最近，恩雅家多了一只可爱的小猫。恩雅特别喜欢。但是这只猫非常顽皮，爬到桌子上，将挂钟当成它自己的玩物玩耍了起来。谁知，当恩雅发现时，挂钟已经躺在了地上，摔成了两半。但是，两个半块钟表面上的数字之和恰巧相等。

你知道钟表到底是从哪里裂开的呢？

参考答案

从 3 和 4 以及 9 和 10 之间裂开的。

玩乒乓球的女孩

冬冬玩乒乓球玩得特别好。妹妹小雨最近也迷上了乒乓球，她一直吵着要冬冬陪她玩乒乓球。冬冬被吵得受不了，于是想了一条妙计："小雨，这袋子里有两个乒乓球，一个是黄色的，另一个是白色的。现在，要你伸手拿乒乓球。如果你拿到黄色的，我就陪你玩，但如果拿到白色的，你就应该放弃，而且不能再吵我!"

小雨的眼睛顿时亮了起来，但此时却瞥见冬冬往袋子里面放了两个白色的乒乓。那么，不论她拿到哪一个都会是白色的。

小雨是不是玩不成乒乓球了？

参考答案

当然不是。小雨从袋子里拿出乒乓球后，立刻藏了起来，让冬冬看袋子

跳出思维的怪圈

里乒乓球的颜色，就知道小雨拿的球的颜色了。袋里一定是白色的。冬冬当然无话可说了。

命大的蚂蚁

一只蚂蚁正在地上爬行，楠楠一只脚从蚂蚁身上踩过去，蚂蚁却没有死。

为什么这只蚂蚁没有死呢？

参考答案

因为楠楠穿的是高跟鞋。

偷吃枣的小孩

从前，有个小孩子，家里很穷，于是在城里的一家食品店当起了学徒，好不容易熬过了三年的学徒期，这个小孩终于成了店里的一名正式杂工。有一天，店里来了一位要买红枣的老奶奶。这个孩子把红枣称好后，却趁着老奶奶不注意的时候，偷吃了一颗红枣。庆幸的是这位老奶奶并没发觉，然而遗憾的是，老板却把这一切都看在了眼里。

于是，一向对杂工很苛刻的老板决定立刻解雇他，因为偷吃顾客食品的做法是绝对不允许的。这个孩子很不甘心，他不想将好不容易得到的工作就这样丢了。他顿时眼前一亮，一个很好的主意从他的大脑中闪现。而当他说出自己偷吃那颗红枣的原因后，老板不但没有将他解雇，反而还一个劲地夸他聪明能干。

你知道这个孩子对老板说了些什么话吗？

参考答案

这个孩子对他的老板说："刚才在给那个老奶奶称红枣的过程中，我看到其中一颗红枣已经被虫蛀了。如果老奶奶把它头回家，就会认为我们店里的枣不好。如果她再向别人说起这件事的话，那么将会对我们的生意产生很不好的影响，所以我趁着她不注意的时候，偷偷地把那颗红枣挑出来吃了，就是怕她发现啊！"

纪晓岚的智慧

乾隆年间的翰林学士纪晓岚才华横溢、足智多谋。他总是能够把乾隆皇帝给他出的难题一一化解。

有一天，乾隆、纪晓岚、和珅一起路过宫廷里的湖边。乾隆突然对纪晓岚说："纪爱卿，既然你总是以忠心耿耿而自居，那么我让你现在就去死！如果你不肯的话，就是不忠，那么不忠的臣子也就应该处死才对。"

向来与纪晓岚不合的和珅心里高兴极了，暗想："纪晓岚，'君叫臣死，臣不得不死'，我看你这次死定了！"

纪晓岚也明白乾隆在刁难自己，可事已至此，他只好假意领旨，快速地向湖边跑去，可没一会儿工夫他就跑了回来。紧接着纪晓岚对乾隆说出了自己不能投河而死的理由，让乾隆觉得很好笑，但他不得不佩服纪晓岚确实是个智谋过人的好臣子。

纪晓岚是如何解释自己不能投河而死的原因的呢？

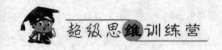

急中生智的纪晓岚禀告乾隆说："臣原本打算投河而死，可就在这时却见了屈原。他说当年自己之所以投河而死，是因为楚王是昏君。可如今臣却也要投河而死，难道说当今皇上也是昏君吗？我想既然圣上是一代明君，那么我又岂能让他人有这种想法呢？所以微臣这才没有去死啊！"没有哪一个皇帝愿意承认自己是昏君，那么乾隆皇帝自然也就拿纪晓岚没有办法了。

一辆物有所值的旧车

几年前，杰夫十分想买一辆新车，于是，他便来到了一个大型的车展会上，决定选一辆自己喜欢的车。结果，令人意想不到是，杰夫却买了一辆价格比一般的车昂贵得多的旧车。

杰夫的一些朋友觉得实在是太不值了。

"嘿嘿，朋友们，物有所值嘛！"说这句话的时候，杰夫却显得十分高兴。

果不其然，两年之后，杰夫以 6 倍的价钱把这辆车又卖了出去，从中赚了一笔数目不少的钱。

你知道这是为什么吗？

因为他买的是一辆古董车。

外甥女结婚

姐妹俩久别重逢。在互相叙旧的时候，姐姐忽然想起自己有个外甥女最近结了婚，便问起此事。然而，妹妹却没有一个到了出嫁年龄的外甥女。

假如，这两个姐妹是亲姐妹，这种事情会发生吗？

 **参考答案**

原来，最近结婚的就是妹妹的女儿。对姐姐来说妹妹的女儿自然是姐姐的外甥女了。

缉拿逃犯

有一天，某市的监狱了逃脱了一名罪犯，于是这名逃犯便遭到了警方的追捕。

当警方对这名逃犯的行踪有所发现时，警方就派了一个大个子警长和他的两个助手对这名在逃的罪犯实施抓捕行动。

他们追赶进一间地下室，里面什么也看不见，一片漆黑。突然间，那逃犯得意的笑声从高处窗口传来。就在此时，他们决定立刻返身出来，但是，已经太迟了，地下室的门被反锁上了，他们都被困在了地下室里。

他们抬头一看，发现墙上有一扇窗，人是完全可以从窗口出去的。但是，窗户离地面的确很高，他们决定用叠罗汉的方法向上爬，站在最

跳出思维的怪圈

上面的小个子助手无论怎样使劲，他的手离窗沿总差 2 厘米，就是够不着窗户。

此时的他们着急万分，如果再爬不出去，逃犯就会再次逃脱，他们自己也会被困在地下室里面。这时，警长突然想出了一个办法，很快，他们便顺利地爬出了窗口；最终将那名逃犯抓了回来。

警长想出了什么办法呢？

参考答案

警长是个高个子，高个子胳膊和手长，矮个子胳膊和手短，警长与矮个子互换一下，由警长站在上面就够着窗户了，这样，他们爬出了窗户，抓住了罪犯。

两岁山的由来

日本有一座世界闻名的山——富士山，日本人因此而感到自豪，就像我国喜马拉雅山一样。富士山是一座呈标准圆锥形的死火山，海拔高度为 12365 英尺（约 3769 米）。有趣的是日本人根据它的海拔高度的英尺数，称它为"两岁山"。

为什么日本人称富士山为"两岁山"呢？

原来"12365"这个数的前两位数"12",可以看作一年的 12 个月;后三位数"365"可看作一年的 365 天。这样,"12365"这个数前两位数和后三位数各表示 1 年,加起来就是 2 年。这就是把"富士山"叫作"两岁山"的原因。

怎么回答

又一次的香港小姐选拔大赛开始了!在此次"香港小姐"的决赛中,主持人向参赛的选手出了一道这样十分有趣的问题:"假如必须在音乐家和战争狂人希特勒两个人中,选出一个作为终生的伴侣,你会选择哪一位呢?"

有一位小姐这样回答:"我会选择希特勒,如果……",这位小姐的回答很新颖也很独特,并且表明了她极富有爱心和勇气,立即赢得了阵阵掌声。

你知道这位小姐是怎样回答这位主持人的问题的呢?

参考答案

这位小姐回答说:"如果我嫁给希特勒的话,我相信我可以感化他,那么就可以避免第二次世界大战的爆发了。"

怎么多了一个人

有个绑匪的钱又快花光了，最近他又盯上了某公司一个很有钱的总经理，于是，便实施了他的绑架计划。结果，他成功地绑架了这位总经理，并且将其单独关在一个十分隐秘的房间里。

这个房间只有一个门，而且这个门一整天都被人把守着，并且外面的任何人都不准入内。可是，到了第二天，这个隐秘的房间里除了这位总经理之外，还有另一个男人被关在里面了。

你知道这个男人究竟是怎么进入到这个房间里的吗？

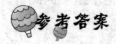参考答案

被关在这个隐秘房间里的是一位即将分娩的女总经理。第二天，她生下了一名男婴。

不让座的原因

张鹏是一个年轻力壮、对老人有爱心的小伙子。这天他登上了公交车，才坐下不久，便座无虚席了。这时上来了一位头发花白的老大爷。他在小田的座位旁边摇摇晃晃，站得十分辛苦。可是，距离终点站还有好长一段路，张鹏却不肯让座。

为什么张鹏不让座呢？

参考答案

因为张鹏是这辆公交车的司机，所以确实无法让座。

照片与年龄

有一天，阳阳和豆豆在放学回家的路上一起讨论一些有趣的话题。两个小伙伴聊着聊着，阳阳突然问豆豆："你知道年龄越小则越旧的东西是什么吗？这个问题看起来很简单，但不一定好回答哟，你要是回答对了的话，我给你讲一个超级搞笑的笑话。"

此时，豆豆便开始了沉思。谁知不一会儿，豆豆便将自己的答案告诉了阳阳。阳阳便讲起了他的笑话。一路上，他们边走边笑，很是开心。

你知道豆豆是如何回答阳阳的问题的吗？

参考答案

一个人的相片。相片上这个人的年龄越小，那张相片越旧。

转 杯 子

星期一午餐的时候，陈先生对同事说了一件不可思议的怪事：

"周末的时候，我家里来了几位客人，我就泡茶招待他们。按照以前的惯例，大家都是端起来就喝的，但是，我却使他们把杯子转了一下

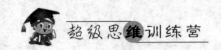

才喝。当然，我那几位客人都不等我开口就乖乖地照做了。"

同事们听了之后，觉得奇怪，为什么会发生这种事情呢？当然，这和茶道之类的规矩是没有关系的。后来一位同事仔细询问了之后，便对陈先生说出了自己的观点。陈先生觉得他的这位同事讲的很有道理。

为什么会发生这种事情呢？

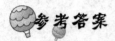参考答案

原来，陈先生在招待客人时，使用咖啡杯之类有把手的杯子倒茶，端茶给客人时，将所有杯子的把手朝向客人的对侧，所以客人只好把杯子转了半圈，让把手朝向自己，才能端起来喝。

寻宝的阿寻

阿寻是个寻宝高手，不管是谁丢了贵重东西，他都能根据线索将它们找出来。可是有一样东西一旦遗失了，阿寻也没有办法找回来。

你知道这是什么东西吗？

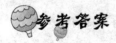参考答案

阿寻戴的隐形眼镜。

农夫的话可信吗

某晚，某市的一家大型商场被盗。警局接到报案以后，派人火速赶

赴现场。经过细致的现场勘查、询问证人等一系列程序后，他们把怀疑的焦点集中在附近一个农户家里。

警察问农夫："昨天晚上发生的事，你知道吗？"

"知道！就是一家大型商场被盗。可我一直在家，没有出去。很遗憾，不能为你们提供更多的线索。"

"你在家干什么？"警察追问。

"我家养的 20 来只鸭子在孵蛋，我准备接小鸭子出生。"

农夫的话能不能相信？

参考答案

不能。因为野鸭会孵蛋，而家养的鸭子经过长期的人工选育已经退化，是不会孵蛋的。所以说农夫在撒谎，他的话是不能相信的。

跳出思维的怪圈

相同的地方

周末的一个上午，娜娜在津津有味地看一本很有趣的书，时不时地哈哈大笑起来，时不时地眉头紧锁。看来她已经完全沉醉于其中了。

没有想到的是，当娜娜看完那本书之后，便跑到隔壁的欢欢家去了。

"欢欢，我问你，哭和笑有什么相同之处？"娜娜问。

看来娜娜真是现学现用啊！但是，欢欢听完娜娜的问题之后，眉头开始紧锁了起来。

你能帮欢欢解决娜娜所提出的问题吗？

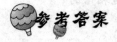参考答案

哭和笑两个字的笔画都是 10 笔，都是上下结构。

这个病人太奇怪

有一天，一个病人去医院看病。医生问病人："感冒了？"病人摇头。"肚子疼？"病人摇头。"神经痛？"病人还是摇头。

那么，究竟这个病人是来看什么病的？

参考答案

原来，这个病人是来看一直摇头不停的毛病的。

神奇的布

有一种很长、很宽也很美丽的布，但是没有人用，也从来不拿它做衣服，而且它也不可能做成衣服。

请问这到底是什么布？

参考答案

瀑布。

旅行的时间

小丽问小风："你不是曾经说过要带我一起去旅行吗？那你打算什么时候带我去旅行呢？"

小风回答说："我将在太阳和月亮在一起的时候带你去旅行。"

你说可能吗？

参考答案

可能，是明天。

跳出思维的怪圈

学生走了

有一天放学后，有 3 个同学因没有完成作业而被留下来继续做作业。不久，学生全部走了；这时老师来了，发现还有两个同学在继续做作业。

你知道这究竟是怎么一回事吗？

参考答案

原来，离开的学生的名字叫"全部"。

卖羊的二小

从前，有一个聪明的小孩叫二小，但是二小的家里特别穷。为了给家里减轻负担，二小决定到一个财主家放羊。但是这个财主特别的坏，总是想一些点子为难二小。

有一天，财主对二小说："今天，你带 100 只羊到集市上去卖，到天黑以前必须回来，并且回来的时候把卖的钱和 100 只羊全都给我带回来。否则，小心我揍你！"二小赶着羊群向集市出发了，二小心中很是忧虑。但是他还是一边走一边想，最后他终于想出了一个很好的办法。

你知道二小想到了什么好办法吗？

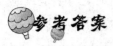 **参考答案**

二小将羊群赶到集市，把 100 只羊身上的羊毛全都剪了下来卖掉，然后把羊一只不少地给财主赶了回来。

到底该牺牲谁

有一天，3 个人一起乘坐一个大热气球在空中飞行。突然遇到了风暴，更糟糕的是，在风暴中点火装置坏了；他们将要飘落在海中。如果

跳出思维的怪圈

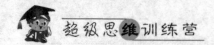

将重量减轻一些的话，他们就会飘过海，落到对面的陆地上。于是，他们急忙把气球中的东西往外扔，可是将气球中的所有东西扔完以后，还是不行。于是，在他们3个人当中必须有一个做出牺牲，以确保另外两人的安全。

3个人当中，一个人是在物理学界做出杰出贡献的著名的物理学家，一个人是曾设计出一种快速运算超级计算机的计算机专家，另一个人是拯救了数千患者生命的心脏病专家。

那么，究竟应该牺牲谁呢？

把他们中体重最重的一个人推下去。

盗贼的死

一个盗贼在行窃时被人发现。慌忙之中，他迅速从8楼的窗户横向跳到相距只有1米的相邻的一座楼的楼顶上，不料却摔死了。

如此短的距离跨越不可能失败，可是这究竟是什么原因呢？

两座楼虽然相距只有1米，但是相邻的那座楼的高度却只有三四层。这样，这个盗贼从窗户跳出后就落到楼顶上摔死了。

赚钱的路

相邻的两个国家，由于发生了极其严重的边界冲突，两国的关系也因此陷入了极为紧张的僵局之中。之后不久，甲国政府宣布："今后，乙国的 1 元钱只折我国的 9 角。"乙国政府听到这一宣布后，也极其愤怒，于是便对甲国采取了相应的对等措施，也宣布："今后，甲国的 1 元钱只折我国的 9 角。"有一个人，恰好住在两国之间的边境上，他却借着这个机会发了笔大财。

你知道这个人是怎么做的吗？

参考答案

首先，在甲国购买 10 元钱的东西，付一张甲国的百元纸币，然后要求，找乙国的纸币，所以，他就赚了 10 元钱；然后他拿着这张钱，用同样的方法到乙国买东西，如此循环，就在不知不觉中赚了一大笔钱。

老三的名字

小玲的妈妈有 3 个女儿，大女儿叫大毛，二女儿叫二毛。
第三个女儿叫什么？

参考答案

叫小玲。

难读的句子

课间的时候，小静给好朋友小芮念了这样的一个段子，"知止而后有定定而后能静静而后能安安而后能虑虑而后能得。"

小芮问小静："知止而后有，定定而后能，静静而后能，安安而后能，虑虑而后能，得。最后那个'得'字，不是画蛇添足吗？"

这时，小静也觉得后面那个"得"字很绕口，但是整个句子没有那个"得"字也读不通："知止而后有定，而后能静静，而后能安安，而后能虑虑，而后能。"她自己念着也不由自主地笑了起来。

李老师碰巧听到了她们的讲话，说他们俩的标点符号标错了。

你知道正确的标点应该怎么标吗？

参考答案

知止而后有定，定而后能静，静而后能安，安而后能虑，虑而后能得。

神奇的物体

一个圆孔直径仅有 5 毫米，然而有一种体积为 100 立方米的物体却

能顺利地通过这个小小的圆孔。

你知道这是什么物体吗?

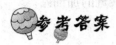

水。

浮想联翩

随着丁零零的下课铃声的响起,同学们陆陆续续到教室外去活动。小强正准备叫小涛一起出去玩儿,小涛突然向小强问道:"没有人类及动物居住的地球是什么呢?"

小强诧异的表情突然显现了出来,不知道怎么回答这个问题;小强只是觉得,小涛又联想到了什么。

你知道没有人类及动物居住的地球是什么吗?

地球仪。

缺少的燃油

在春天的一个阳光明媚的周末,吉姆和彼得驾着各自的汽车一起去郊外游玩。返回的途中,二人发现各自的汽车里的汽油都不够用了。吉姆的汽车里的汽油只剩下可以走 5000 米路的汽油,彼得的汽车里的汽

油只剩下可以走 6000 米路的汽油，而他们距离最近的加油站还有 1 万千米，他们又没有任何工具可以将一辆汽车的汽油加入另一辆汽车内。最后他们想了一个办法，他们顺利地到达了距离他们最近的加油站。

你能猜一猜吉姆和彼得想的是什么办法吗？

原来，他们先用一辆汽车牵引另一辆汽车行驶，当把一辆汽车内的汽油用完以后，再由另一辆汽车牵引继续前行。

直升机落在哪里

地球围着太阳公转的同时又有自转。如果，有一架直升机在广场中间起飞，停在空中不动，过两小时后又降了下来。

那么，此时直升机应落在何处？为什么？

落在原地。因为地球有引力，所以地球自转，停在空中的飞机也跟着转。

神秘的问题

阿凡提很久没有出去旅游了，于是他又开始了新的旅行。

有一天，他旅行途经一个很奇怪的地方，这个地方有两个国家，一个是正常国，一个是反常国。正常国没有什么，然而反常国有着很大的不同，反常国的人只用点头或摇头来回答。更令人奇怪的是如果外地人要问他们一件事必须给钱。阿凡提特别想知道他所在的地方是正常国还是反常国。

那么，你知道阿凡提提出一个什么问题来判断此地究竟是正常国还是反常国的呢？

参考答案

阿凡提问："您居住在此地吗？"就可知道此地是正常国还是反常国。因为人是住在这里的，如果他点头，就说明这里是正常国；如果他摇头，那就说明这里是反常国。

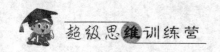

关公发怒的原因

关公本名关羽，其以忠贞、守义、勇猛和武艺高强称著于世。关羽那充满英雄传奇的一生，被后人推举为"忠"、"信"、"义"、"勇"集于一身的道德楷模。

关公的忠信和为人处世的态度深得百姓爱戴，后世人们都尊称他为关老爷；民间有许多地方都筑有关帝庙，终年香火鼎盛，前来祈福和求财的人不计其数。有一天，有一个香客为了能够财源广进，生意兴隆，特地前来向关公祈福。但是，关公却大怒，一时雷电交加，大雨倾盆，这个香客立刻被吓跑了。

事实上，这个香客并不是什么不法之徒，也不是什么强盗小偷，而是一个很规矩的手艺人，开着合法的店铺，平时为人和善，乐于助人。

那么，你知道关公为什么生气吗？

这个人开的是棺材店。

被困了10天

有一天，詹姆斯先生的心情特别的糟糕。于是，他准备到附近的一个小岛上散步，借此放松一下心情。

但是到这个小岛上必须经过一条河，并且河面上有一座古老的木桥。只要通过木桥，便可以到达河边的小岛上。詹姆斯先生在岛上待了一个上午。下午，他便决定返还。当他在木桥上刚走了两三步，桥突然发出"嘎吱嘎吱"的响声，眼看桥像快要断了似的，詹姆斯先生迅速返回到了小岛上。

詹姆斯先生不会游泳，四处呼叫了一番，也没有见到一个人影。他只能待在这个岛上，绞尽了脑汁想尽办法，还是在岛上被困了 10 天。到了第 11 天，他没有采用任何方法和工具却顺利地到达了河的对岸。

这究竟是怎么一回事呢？

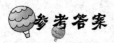 参考答案

詹姆斯先生在小岛上待了 10 天。这种生活简直与绝食差不多了！因此，他日渐消瘦。到了第 11 天的时候，他的身体已经骨瘦如柴，体重十分轻，可以走过这座桥了。

不能这样模仿

动物园里，在有猴子的假山附近，聚集了许多游客。他们议论纷纷，时不时地发出阵阵笑声。原来这里有一只专爱模仿人动作的猴子。人们逗它，它的姿势、手势简直像一面镜子，模仿得毫无半点差错。

一个好奇心特别强的小男孩走到猴子跟前，左手抚摸自己的下巴，猴子就用右手抚摸下巴；人闭上右眼，猴子闭上左眼；人再睁开右眼，猴子也立刻照办。可是，有位老者却说："猴子再有本事，有些时候一件很简单的动作它却永远不能也不会模仿。"

那么，到底什么动作对那只小猴子来说很难呢？

跳出思维的怪圈

参考答案

闭眼再睁眼，人将两眼紧闭，猴子也将两眼紧闭。可是，人何时睁开眼睛，猴子是永远不会知道的。

他们为什么挨饿

起初，到南极考察的人员常常因为食物供应不足而挨饿，但是，他们其中的任何一个人从来都不去捕捉极地熊，提出吃熊肉的要求，虽然每一个人都知道捕杀极地熊的方法。

你知道这其中的原因吗？

参考答案

极地熊只生活在北极，在南极大陆上是见不到北极熊的。

这是谁的照片

有一个男子离开自己的家乡已经很久了，经常想念一个人，时不时地总是盯着一张照片。当有人问他照片上的那个人是谁时，他回答说："我没有兄弟，而且照片上的人的父亲是我父亲的儿子。"

这个男子是在看谁的照片？

原来他是在看自己孩子的照片。

不怕死的一群人

有一天，一群人同乘一条船在大海上航行。他们在闲聊，看上去十分的开心。突然，这条船慢慢地开始下沉。但是没有一个人惊慌失措，也没有一个人去穿救生衣，或者上救生艇逃命；大家还是若无其事地按照原来正在做的事情继续做下去，直到船沉没。

你知道这是为什么吗？

跳出思维的怪圈

超级思维训练营

参考答案

这一群人都在潜水艇里。

胆战心惊的话

在一次科技博览上，各行各业的人都在展示他们的科技成果。其中的一位铁路工程师给大家详细介绍了这个城市的地铁的一些情况。大家都深表赞赏。谁料他紧接着突然对观众说："我们这一条线路，其中有1000米是没有铁轨的。"观众吓了一跳，许多人开始骚动不安起来。有人急忙问道："那岂不是非常危险吗，我一直乘坐地铁，怎么一点感觉都没有呢？"

工程师却回答说："没有关系的，通车6年了一直很安全，大家不要担心。"

"1000米都没有铁轨！太恐怖啦！怎么会安全呢？"一位观众急切地问道。

这位工程师这才明白大家慌乱的原因。他心中顿时乐了起来，但又面带微笑急忙向大家解释了一下。许多在场的观众那一颗颗悬着的心终于放了下来。

你知道这位工程师是如何解释的吗？

参考答案

这位工程师说："我所说1000米指的是铁轨之间的缝隙加起来有1000米，因为每两根铁轨之间都有一定的缝隙。"

神通广大的人

皮特头上有一个很明显的伤痕，所以你会看到他头上终年戴着一顶帽子。在别人面前，皮特从来不把帽子摘下来，只有一个人例外，每次皮特在见到这个人的时候，他总是乖乖地把头上那顶帽子摘下来。

你知道这个神通广大的人是谁吗？

参考答案

理发师。

自寻死路

段某犯有绑架罪，担心他的同伙去自首，所以整天坐立不安、魂不守舍。他妻子苦口婆心地劝他去自首，一句话也没有进他的耳朵，反而对妻子拳打脚踢。他父亲也语重心长地劝他去自首，他却对父亲吹胡子瞪眼，甚至大骂父亲。总之，就是不肯去自首。

之后，他以逃避罪责为目的，就给他的同伙写了一封信，妄想与同伙订立攻守同盟。大白天他躲在家里不敢出去寄信，于是他在深夜将信寄了出去。可是，在他将信寄出之后的第二天，他就被捉拿归案了。但是，他的同伙并没有告发他。

那么，段某为什么会被捉住呢？

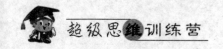

参考答案

　　事后段某才知道，由于深夜的时候看不清，加上他慌慌张张的，把那封信投到举报箱里去了。

记者的智慧

　　一位阿拉伯国王举行了一个记者招待会。许多国家的记者都受到了这位国王的邀请。

　　在记者招待会召开的那一天，这位国王派人在 20 米见方的豪华地毯正中摆放了一顶金光闪闪的王冠。

　　记者招待会刚开始的那一刻，这位阿拉伯国王微笑着说道："各位，谁能不上地毯拿到这顶王冠？只能用手，并且不能使用其他任何工具。谁能拿到，我就把它作为礼物送给谁。这是我们今天记者招待会开始的一个小插曲。"

　　聚在地毯周围的人们都争先恐后地伸出手，但谁也够不到。这时，从人群中走出一位记者，他微着说："好吧，我来试试！"说着，便轻而易举地拿到了王冠。

　　这位记者是用什么办法取到王冠的呢？

参考答案

　　原来他把地毯从一端卷起来，接近王冠时就能伸手拿到。

对方哑口无言了

1960 年 4 月下旬，周恩来总理与印度谈判中印边界问题。印方提出一个挑衅性问题："西藏自古就是中国的领土吗？"周恩来总理说："西藏自古就是中国的领土！远的不说，至少在元代，它已经是中国的领土。"

对方说："时间太短了。"

周总理巧妙地回答了这位印方代表。

印方代表却哑口无言。

你能猜出周总理所说的令印方代表哑口无言的话吗？

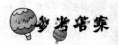参考答案

周恩来总理说："中国的元代离现在已有 700 来年的历史。如果 700 来年都被认为是时间短的话，那么，美国到现在只有 100 多年的历史，是不是美国不能成为一个国家呢？这显然是荒谬的。"

在周恩来的反驳中，用两个国家的对比性材料来否定对方的观点。700 年与 100 年相比较，你要否认 700 年而承认 100 年显然是站不住脚的，其结果是承认 100 年就得承认 700 年这个事实。对比在这里产生了巨大的力量。

到底是谁下的毒

有一位县太爷，断案如神，秉公执法，深受百姓爱戴。

有一次，这位县太爷遇到了一个非常棘手的案子。于是，他决定微服去办案。途经一家小酒店，决定小酌几杯。谁料，隔壁桌上的一位老板突然呻吟着呕吐起来。这位老板的两位保镖突然拔出匕首，对准了与老板同桌的一位商人。

这位县太爷一问，才知道老板与商人谈成了一笔生意，共同喝酒庆贺，谁也没有想到老板竟然中毒了。那位商人吓得不知所措，忙说道："我没有下毒！没有！真的没有！"

县太爷走上前，摸了摸温酒的锡壶，又打开盖子，只见一层黑膜浮在黄酒的表面。就说："果真是中毒！"

这时，中毒的老板摇晃着身子说："这位客官，救救我！他身上一定藏有解药！请帮忙搜出来……"县太爷说："错了，他身上根本没有解毒药！这酒是你做东请客的，他是没有办法投毒的！"

毒酒究竟从何而来呢？

参考答案

原来，毒酒是温酒温出来的。这里的锡壶大多是铅锡壶，含铅量很高。将装有酒的锡壶直接放在炉子上温，酒中就带上了浓度很高的铅。多饮几杯，就会出现急性铅中毒。

是哪些东西

有一天，莉莉问露西："何种东西，你用左手可以握住它，而你的左手怎么也够不到？何种东西离你的脚很近，但是你就是不能用右脚踩到它呢？何种东西是属于你的，但是别人用的反而比你用的要多？"

你能帮露西回答这个问题吗？

参考答案

不能用左手握住的是你的左手腕；你不能用右脚踩到的是你的右脚，你的名字别人用的比你多。

反驳真高明

林肯是美国第16任总统，是世界历史中最伟大的人物之一，领导了拯救联邦和结束奴隶制度的伟大斗争。人们怀念他的正直、仁慈和坚强的个性，他一直是美国历史上最受人景仰的总统之一。在美国人的心目中，他的威望甚至超过了美国的国父华盛顿。

然而，在林肯参加总统竞选的时候，竞争特别激烈。不过在当时，林肯很受人们爱戴，当选总统，他有着绝对的优势。有一个竞选对手却公然对他进行了人身攻击："林肯先生，听说你的奶娘是个中国人，那么，很显然你具有中国血统了。"这个对手想以此来激起那些反华人士对林肯的不满，从而降低林肯的选票。谁料，林肯笑了笑，然后说了一句话，就将对方驳倒了。

你能想到林肯是怎么说的吗？

参考答案

林肯说："你说得对，我的奶娘是中国人。不过，据有关人士透露，你是喝牛奶长大的，那么很显然在你的身上，就有了牛的血统。"

头发不会淋湿

有一天，天空乌云密布，顷刻间下起了滂沱大雨。然而，刘先生从外面回家，既没有带雨伞也没有带雨衣，而且也没有任何可以遮雨的东

西，他浑身上下都湿透了，但是他的头发一根都没有湿。

你知道这是为什么吗？

**参考答案**

刘先生理了光头，所以没有头发可湿。

先点燃哪个

胡先生拿出最后一盒火柴。里面仅剩下最后一根火柴了，要用这根火柴点燃炉子，还有蜡烛。

那么，先点燃哪个物品才是最好的选择？

**参考答案**

先点燃火柴。

奇怪的小李

小李是一名非常优秀的士兵，有着很强的责任心，深得领导和战友的信任。

有一天晚上，恰逢小李站岗值勤，不远处的丛林中有一阵不寻常的响动，直觉告诉他，有敌人来进行偷袭了。但是，小李明明知敌人在悄悄地向他摸过来，可他却突然睁一只眼闭一只眼。

为什么小李却突然睁一只眼闭一只眼呢？

他正在瞄准，以便能击中敌人。

神秘的礼物

有一次，蒋介石过生日，他的许多手下纷纷花重金送大礼，以示孝忠，当然，绝大多数人还是为了套近乎。然而，在所有的礼物当中，蒋介石唯独对其中的一份礼物十分感兴趣，并高兴地对在场的所有人说："这是我蒋某人今天收到的最好的生日礼物！"

其实，看起来，相当不起眼，只不过是一个小盒子而已，但是，在上面还写着一首十分有趣的小诗："两国打仗，兵强马壮，马不吃草，兵不征粮。"

那么，根据这首小诗，你能猜出这盒子里放的到底是什么礼物吗？

象棋。

令人满意的礼物

从前，有一位老人养了3个儿子，他们个个都十分的聪明且孝顺，老人非常自豪。

但是，这位老人特别想知道他们三兄弟当中到底哪一个是最聪明的，于是就给他们每一个人各出一道题目。他要求3个儿子都要离家一段时间，但要求他们在回来的时候为自己带回3件礼物：大儿子要带回的是"骨头肉包"，二儿子要带回的是"纸包火"，而三儿子要带回的则是"河里的柳叶泡不烂"。

于是，3个儿子很快就离开了家。没过多久，他们3个几乎同时回到了家中。回来的时候，他们都带回了老人家所要的礼物，而且完全符合老人的要求。儿子们的表现令老人十分满意，老人不禁得意地笑了。

你知道他们带回的是哪3件礼物吗？

参考答案

老人要的3件礼物其实都很普通，"骨头肉包"是指核桃；"纸包火"是指灯笼；而"河里的柳叶泡不烂"指的就是鱼了。

如何上的六楼

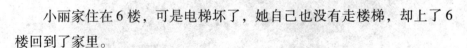

小丽家住在6楼，可是电梯坏了，她自己也没有走楼梯，却上了6楼回到了家里。

你想想，这可能吗？

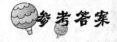参考答案

可能，小丽是个婴儿，她是在妈妈的背上，由妈妈背着她回家的。

跳出思维的怪圈

狱吏的智慧

有一天，一位国王对监狱进行视察。在视察的过程中，他指着一名犯人问陪同他的典狱长："这个人被判处何种徒刑啊？""终身监禁，陛下！"典狱长回答说。"典狱长！传我的命令，判处他一半终身监禁。"

天哪！没有一个人知道应该怎样执行国王的命令。典狱长当时听完国王的命令后，脑子里一片空白；连在场的所有罪犯都一片愕然。

后来，典狱长就找一名御吏诉苦，因为他实在不知道该如何执行国王的命令。有一个狱吏，想出了一个绝妙的办法，帮助他解决了这个难题。典狱长对狱使说："你简直太聪明了！"

你知道这个狱吏是怎样帮典狱长执行国王的命令的吗？

这个狱吏向典狱长说："遵照国王陛下的命令，这个犯人应该坐一天牢，释放回家一天。然后再坐一天，再释放一天。如此下去，直到他死。"

别具一格的职业

在画家、排球运动员、播音员、舞蹈演员、化妆师这 5 种职业中，有一种职业是有别于其他职业的。

请问有别丁其他职业的一种职业是什么？

参考答案

播音员。播音员通过语言来工作，而其他 4 种职业均是通过肢体运动来工作的。

为什么失火

一天深夜，一家便利店的财务室突然起火。值班会计奋力扑救，但是仍有部分账簿被大火烧毁了。

警察开始向浑身湿淋淋的值班会计询问案情。

"不久前，室内的电线时常爆出火花，我觉得这样很危险，所以今天我将全部账簿翻了出来，并将它们堆在了外面，准备另换一个比较安

全的地方，谁知电线突然起火，引燃账簿，从而引起了火灾。值得庆幸的是卫生间就在隔壁。我急忙放水，把火扑灭，才避免了一场大祸。"会计说。

"你敢肯定是漏电失火吗？"警察追问。

"是的。这里的工作人员从不抽烟。况且也没有能自燃的其他物品和电器。我进来救火的时候，还闻到了被烧电线的臭味。"

"闭嘴吧！"警察呵斥道，"你是怕自己贪污的事情暴露而故意纵火的吧？"

请问警察是依据什么来判断值班会计撒谎的呢？

当发生电火时是绝不能用水灭火的，只能用喷射四氯化碳或二氧化碳的灭火器灭火。这个值班会计说自己是用水把火扑灭的，又说火灾是由漏电引起，很显然，这是违反常规的，是谎言。

蜡烛还剩几支

如果夜里点燃的 6 支蜡烛，被风吹灭了 1 支，那么，到天亮时将会出现什么状况？

请问，到天亮时还剩几支蜡烛？

还剩 1 支，因为其余 5 支蜡烛都燃尽了。

幽默的答案

1971 年，基辛格博士为恢复中美外交关系秘密访华。在一次正式谈判尚未开始之前，基辛格突然向周恩来总理提出一个要求："尊敬的总理阁下，贵国马王堆一号汉墓的发掘成果震惊世界，那具女尸确是世界上少有的珍宝啊！本人受我国科学界知名人士的委托，想用一种地球上没有的物质来换取一些女尸周围的木炭，不知贵国愿意否？"

周恩来总理听后，问道："国务卿阁下，不知贵国政府将用什么来交换？"基辛格说："月土，就是我国宇宙飞船从月球上带回的泥土。这应算是地球上没有的东西吧！"

周总理哈哈一笑："我道是什么，原来是我们祖宗脚下的东西。"基辛格一惊，疑惑地问道："怎么？你们早有人上了月球？什么时候？为什么不公布？"

周恩来总理笑了笑，用手指着茶几上的一尊嫦娥奔月的牙雕，认真地对基辛格说了一句话；让博学多识的基辛格博士笑了。

你知道周恩来总理说了一句什么样的话吗？

参考答案

原来，周恩来总理机智而又幽默地回答说："我们怎么没公布？早在五千多年前，我们就有一位嫦娥飞上了月亮，在月亮上建起了广寒宫住下了。不信，我们还要派人去看她呢！怎么，这些我国妇孺皆知的事情，你这个中国通还不知道？"

周总理的电影说明书

1954 年，周恩来参加日内瓦会议，通知工作人员，给与会者放一部《梁山伯与祝英台》的彩色越剧片。工作人员为了使外国人能看懂中国的戏剧片，写了 15 页的说明书呈周总理审阅。周恩来批评工作人员："不看对象，对牛弹琴。"工作人员不服气地说："给洋人看这种电影，那才是对牛弹琴呢！"

"那就看你怎么个弹法了，"周恩来说，"你要用十几页的说明书去弹，那是乱弹！我给你换个弹法吧，你只要在请柬上写一句话就行了。"后来，工作人员按照总理所说的，在请柬上加了一句话。结果，电影放映后，观众们看得如痴如醉，不时地爆发出一阵阵热烈的掌声。

你知道请柬上加了一句什么样的话吗？

"请您欣赏一部彩色歌剧电影，中国的《罗密欧与朱丽叶》。"

双胞胎过生日

小琦和小雅是双胞胎，今年小琦刚好过了第八个生日，但是小雅今年才过了第二个生日。

那么，你能算出她们的生日吗？

小雅是在闰年的二月二十九日晚 12 时出生的，小琦是在三月初一零时过后出生的，因为每 4 年才有一次闰年，所以小雅每 4 年才过一次生日。

他为什么不怕雨淋

有一天，人们在田间辛勤劳作。突然，一阵暴雨从天而降；在田里劳作的人们都纷纷跑到附近的一间茅草屋内避雨，然而，却有一个人依然在原处不动。

跳出思维的怪圈

你知道这是为什么吗？

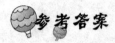

因为它是稻草人。

有共同点的夫妻

在日常生活中，每对夫妻都有一个绝对的共同点。

那么，你知道这个共同点是什么吗？

同年同月同日结婚。

第三章　开创你的新境界

卖猪的张飞

张飞，三国时期蜀汉重要将领。官至车骑将军，封西乡侯。早年与刘备关羽桃园三结义，行二。

张飞原是河北涿郡一屠夫，早年间也曾贩卖过小猪，是个粗中有细的人。有一天大清早，他挑着两筐小猪来到集上。由于张飞是一个嫉恶如仇的人，也从不欺负百姓，一向与人公平交易，所以他的小猪从来不愁卖。当他刚放下担子，就有一个红脸大汉走来说："我要买两筐小猪的一半零半头。"话音刚落，又过来一个黑脸大汉说："你若卖给他，我就买剩下的一半零半只头。"没等张飞答话，人群中又挤出一个白面书生来，这个书生说："你若卖给他俩，我就买他俩剩下的一半零半头。"张飞一听，不由黑须倒竖，怒上心头。心想：小猪哪有买半只的，这不是存心欺负俺老张吗？正准备动武时，他又仔细一想，欣然答应了。结果张飞照他们 3 个人的意思，小猪正好卖完。

你知道张飞一共卖了多少只小猪？他们 3 人各买多少头？

共卖 7 头小猪：红脸汉四头，黑脸汉两头，书生一头。

到底谁是凶手

　　有一天，一个警察正在街上巡逻，忽然一声枪响传入他的耳朵，之后他便看见一个老人跌向房门，慢慢地倒在了地上。警察见此情形，火速跑了过去，只见老人背部中枪，已经停止了呼吸。

　　恰在此时，警察发现了附近的两个人，警察就盘问道："你们刚才在干什么？"

甲说："我看见这位老人刚要锁门，枪一响，他应声倒地；我便立即跑来。"

乙说："我听见枪声后，不知道发生什么事。看见警察跑了过来，我也跟着跑了过来。"

警察此时看见门上的钥匙还在锁孔里。他打开锁，走进房间，打电话报案。不一会儿，警长就立刻赶到了，指着其中一个人说："把他拘留询问。"

你知道警长究竟把谁拘留了呢？为什么？

参考答案

甲。他知道老人不是开门而是锁门，说明他一直在关注着这位老人。

没淋湿的原因

有一天，小兰、小雨和小静 3 个人共撑一把小伞在街上走，然而，她们 3 个人却都没有被雨水淋湿。

你知道这是为什么呢？

参考答案

因为根本没有下雨，是遮阳伞。

钻石哪里去了

旅游的季节来临，博物馆参观的人也就很自然地多了起来。有一天，一群游客来到一家很有名的博物馆，而这家博物馆最吸引人的一点就是它收藏着的一颗大钻石。这颗钻石被浸泡放在一种溶液之中，这种溶液接触到盐分时便会变成绿色。

在游客走了之后，博物馆的警卫突然发现钻石不见了，于是他立刻报了警。警察截住了所有的游客，并将他们关在一间屋子里。一位警官让助手把炉子生了起来。

请问这位警官为什么要这样做呢？

人热的时候很容易出汗，汗水里面通常带有很多盐分。钻石很可能就是游客当中的某个人用手偷走的，那么，他的手上必定会留下一些浸泡钻石的溶液。在高温的房间里，他的手上的汗就会变成绿色。

是自杀还是他杀

一位右腿被截肢的老人吊死在自己的房间里，两天以后才被人发现。

这位老人的尸体距地板大约 1 米。如果是自杀的话，应该有凳子之类的垫脚的物品，可是没有。老人只有一条腿，他是根本不可能跳起来将绳子套在自己的脖子上的。警察因此断定是他杀。

老人在临死之前的 3 个月曾投了高额人寿保险。从现场看，房门是从里屋锁上的，完全处于一种与外界隔绝的状态。保险公司怀疑，死者是为了把保险金留给他唯一的一个亲人其孙女而伪装成他杀的，于是委托亨利侦探进行调查。

侦探亨利立即来到事发现场。他发现，在尸体的下面有一个空的纸制包装箱，但他认为老人不可能踩着空箱子上吊；如果将冰装在箱子里面，踩上去就不会塌了。可是，箱子和地面根本没有潮湿的痕迹。换气扇虽然开着，但在短短两天的时间里，也不可能把冰水完全吹干。但是，不一会儿，亨利便迅速得出了结论：老人是把自杀伪装成他杀的。

这究竟是为什么呢？

参考答案

这位老人确实是用纸制包装箱作为上吊的垫脚物的。不过，在箱子里面放了一块干冰。干冰非常坚硬，可以当凳子用。同时，用于气化作用。当尸体被发现时，干冰已消失得无影无踪，而箱子也不会湿。干冰气化过程中产生的二氧化碳被换气扇抽到了室外。因此，老人利用干冰的特性制造了他杀的假象。

凶手到底是谁

一个夏日的夜晚，小张开着车与女友外出后一夜未归。直到第二天早上，人们才在郊外发现了他的汽车，他和女友互相依偎着坐在后排座位上，却双双命归黄泉了。

接到报案后，警察赵队长和同伴立即赶往现场进行勘查。

　　小张的车停在离公路不远的一块地势较低的草地上。经过勘查，赵队长发现：车上的发动机还在运转，里边的空调也开着，但门窗紧闭。车身、门窗都完好无损，车内外也无搏斗的迹象，两个人衣衫整齐，面容安详。赵队长因此可以断定，两人之死非外来袭击所致。

　　那么凶手究竟是谁呢？凶手又是用何种方法把两人杀死的呢？一连两天，赵队长百思不得其解。

　　最后，当法医的尸检报告送来时，赵队长一看，惊讶地发现凶手原来竟然是小张自己！赵队长心里一块石头终于落地了。但也深深地为两颗年轻的生命而感到惋惜！

　　小张和其女友的死因究竟是什么呢？

原来，汽油在燃烧之后，会产生有毒气体一氧化碳。由于小张在发动机运转并开启空调的情况下使门窗紧闭，发动机排出的一氧化碳在车内便会越积越多，死神也随之悄悄地降临到了他们身上。

如何不让苹果落地

找一根 3 米左右长的线和一个苹果，然后将一个苹果系在这根线的一端，再将线的另一端系在高处，从而把苹果悬挂起来。

你能够将这根线从中间剪断，并保证苹果不会落地吗？

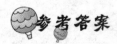

在这根线的中间打一个活结，使活结旁多出一股线来，从线套中间剪断，苹果自然就不会落下来了。

跳出思维的怪圈

愿望很难实现

现在住在美国的日本移民，尽管家族有那样的愿望，但是也不能埋葬在美国的土地上。

你知道这究竟是为什么呢？

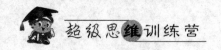

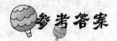参考答案

很显然，现在住在美国的日本移民也就是活着的日本人，因此不能埋葬。

森林中行走

一位探险家又开始了他新一轮的探险活动。他在前进的途中遇到一片非常广阔的森林，他不知道究竟还要走多远才能走进这片大森林。

那么这位探险家最多能走进森林多远？

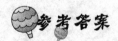参考答案

探险家最多只能走进森林的一半，因为再往前走就不是"走进"，而是"走出"了

空白遗嘱是有效的

作曲家雷斯特和音乐家史丹尼都是盲人。二人是非常要好的朋友，几乎经常在一起合作演出。雷斯特突然有一天发觉自己得了癌症，并且是晚期。在他去世以前，他就请史丹尼做他的遗嘱公证人。他当场立下了一份遗嘱，其内容是：把雷斯特一生积蓄里的一半财产给残疾人福利机构。随后立即让他的妻子拿来笔、纸和个人签章。他在床头摸索着将

遗嘱写好，并装进信封里亲手密封好，非常郑重地交给了史丹尼。史丹尼接过遗嘱，立即专程赶到银行，将遗嘱锁进银行的保险箱里。两星期之后，雷斯特与世长辞。

在雷斯特的葬礼上，史丹尼拿出这份遗嘱交到了残疾人福利机构的代表手中。谁知当那位代表从信封中拿出遗嘱时，目瞪口呆，因为里面竟然是一张白纸！

史丹尼根本无法相信，雷斯特亲手密封、自己亲手接过并且银行保管的遗嘱会变成一张白纸！这时来参加葬礼的一位探长却坚持认定遗嘱有效，众人却对此百思不得其解。

你知道为什么这位探长坚持认定遗嘱有效吗？

参考答案

原来，雷斯特的妻子为了保住遗产，故意把没有墨水的钢笔递给了雷斯特。因为史丹尼和雷斯特都是盲人，所以他们也根本不会发现钢笔是没有墨水的，没有字的白纸最终被当成遗书保存下来。可是，虽然没有字迹，但钢笔画过白纸留下的笔迹却依然存在，如果仔细鉴定仍然是可以分辨出来的，所以遗嘱仍然有效。

谁是真正的凶手

一位银行行长被谋杀了。警方经过一番努力搜查，将王麻子、小矮子和高个子 3 个嫌疑人带回问讯，他们的供词如下。

王麻子："小矮子没有杀人。"

小矮子："他说的是真的！"

高个子："王麻子在说谎！"

结果是，3 人中有人说谎。不过真正的犯人说的倒是实话。

哪一个是杀人犯？

参考答案

王麻子。

题匾的郑板桥

郑板桥，清代官吏、书画家、文学家。名燮，字克柔，江苏兴化人。

乾隆年间，有一个土财主，充当了衙门的走狗。他虽然肚子里面没有一点墨水，却十分爱附庸风雅。有一天，他请郑板桥为自己题字。

依照郑板桥的脾气和做事风格，即使那个财主给他一座金山，他也不会为财主写一个字。然而有一次，郑板桥却欣然答应土财主，提笔为土财主写了"雅闻起敬"4个大字。但是，郑板桥题字前，向土财主提了一个条件，那就是制匾时，对其中的第一个、第三个、第四个字只漆左边，对第二个"闻"则只漆"门"这个部首。

一听说郑板桥肯为自己题字，土财主心里甭提有多高兴了，想也没想便立刻答应了郑板桥的要求。

"雅闻起敬"的门匾很快挂起来了。但挂的时日不多，财主就不得不把它摘了下来，因为匾上的4个字很显然是在讽刺他。

你知道其中的奥秘吗？

参考答案

按照郑板桥的要求，这块匾被漆完以后，"雅闻起敬"4个字就成了"牙门走苟"，就是"衙门走狗"的谐音，很显然是在讽刺这位土财主。

跳出思维的怪圈

自驾一日游

春天，在一个阳光明媚的周末，汪洋和郝磊相约到郊外的大峡谷游玩。他们每人开了一辆车，同时从同一个地点出发，走的是同样的路线。汪洋以前去过大峡谷，对路线十分熟悉，所以他开车在前面带路。一路上，汪洋的车从来没有超速，郝磊的车一直跟在汪洋的车后。

郝磊的车可能超速吗？

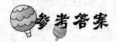参考答案

郝磊的车有可能超速。当郝磊的车距离汪洋的车较远时，郝磊可能会加大油门加速追赶，这时候就可能超速行驶。

被盗的名画

侦探卡莱恩正在办公室翻阅案卷，他的助手拿着一张字条走了进来，将字条递给了他。只见上面写着："市博物馆有幅世界名画被盗，请速来侦破。"卡莱恩站起身来，看了看表说："现在是晚上 11 点，不管是真是假，我们必须去看看！"说完就驱车赶往博物馆。

博物馆展厅里站着一男一女两个管理员。卡莱恩说："我是卡莱恩探长。刚才接到通知，说贵馆有幅世界名画被盗了，请带我去现场查看一下。"检查完毕，卡莱恩觉得像是内部偷盗，就让那两名管理员详细地讲述一下失窃前后的情况。

女管理员说："7 点钟下班时，我和他一起锁上大门，就各自回家

了。几分钟前，他通知我说有幅名画被盗，我就急急忙忙赶来了。"男管理员接着说："我到家以后，突然想起有本书遗忘在展厅里，就回来取书，发现名画莫名其妙地不见了，我就立刻打电话通知她。"

卡莱恩问："你们7点钟关门时画还在吗?""还在，关门前我还给画掸过灰呢。"男管理员答道。卡莱恩问女管理员有没有自己的看法，她说："我对所发生的一切都不知道。依我看，肯定是偷画人给你写的字条，想故意把水搅浑，这种贼喊捉贼的把戏在许多案件中是屡见不鲜的。"

"你说得简直对极了，那幅名画的偷窃者就是你!"卡莱恩探长说完，让助手给女管理员戴上了手铐。

你知道这是为什么吗?

跳出思维的怪圈

参考答案

因为卡莱恩探长只字未提字条之事，而女管理员却自己先说了出来，可见是她偷了画，又写了字条。

罪犯的聪明

从前，有一个人触犯了法律，被国王判处死刑。这个人请求国王宽恕，国王说："你犯了死罪，罪不能赦，但是我允许你可以选择一种死法。"这个人一听，非常高兴地选择了一种死法。而国王一言既出，驷马难追，看到这样的结果只好无奈地点了点头。

那么，这个罪犯到底选择了一种什么死法呢？

参考答案

原来，这个人选择了"老死"。

搬家的邻居

有一位富翁一到晚上就不能入眠，原因就是富翁两边的邻居每家各养了一条狗，每到晚上，这两条狗就互相狂吠，吵得富翁不能入眠。富翁实在是无法忍受了，就分别给了两边邻居一大笔钱，请他们搬家。于是，两位邻居都带着自己的狗搬了家。可是一到晚上，那熟悉的狗叫声又跑进了富翁的耳朵里。

这究竟是为什么呢？

原来，这两位邻居只是互换住处而已。

爱笑的女朋友

张超找了一个特别爱笑的女朋友。亲戚朋友也都知道他的女朋友是个爱笑的人，他们也都见识过。稍有一点小动作，也能逗得她咯咯笑，经常见她笑得前仰后合的。

有一天，张超带她去听相声，台下观众捧腹大笑，唯独她毫无反应。

这究竟是为什么呢？

因为张超的女朋友是外国人，听不懂相声。

小王子的才智

有一天，国王对小王子说："这个盘子里有一个鱼块，如果你能猜出是什么鱼就给你吃。无论你采用何种方法都可以。不过有一个前提条件，就是不许问鱼的名字。"

小王子真的猜不出是什么鱼，但他只对国王说了一句话，国王就不

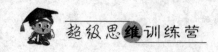

得不把那块鱼给他吃了。

猜一猜小王子说了一句什么话？

参考答案

小王子说的是："让我尝一尝这个鱼块，我就可以说出它的名字。"

箱子哪里去了

有一天，阿弟要和阿妈出远门，去找在很远一座城市打工的阿爸。走之前，阿妈从家门口数了35步，挖个坑，把木箱埋了下去。阿弟从家门口数了15步，把自己的小木箱也埋到了地下。之后阿妈就带着阿弟走了。

过了3年，他们又回到了自己的老家。房子依然在。阿妈数了35步，挖出了大木箱。阿弟数了15步，挖呀挖呀，却怎么也找不到自己的小木箱，他十分的着急！于是，赶快换了个地方挖下去，一下子就将小木箱挖了出来。

你猜为什么？

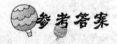参考答案

3年后他长大了，步子也变大了。只要小步走15步就挖到了。

奇怪的家庭

有这样两个家庭，他们的家人都在身边，爸爸可以马上面对每个家人，可是家人之间却很难面面相对。

这到底是什么样的家庭呢？

**参考答案**

原来是两只手的 10 根手指头。拇指（爸爸）可以很容易与其他手指面对面，而其他手指之间却很难面对面。

举动的反常

有一天，两名铁路工人正在检修铁轨，这时一辆高速列车朝他们迎面驶来。当火车司机注意到他们正在铁轨上工作时，已经来不及减速了。这两名工人沿着这辆列车所在的铁轨火速朝列车迎面跑去。

这是究竟是怎么一回事呢？

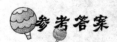**参考答案**

原来，两名铁路工人正在一座很长的桥上工作，且铁轨旁边没有多余的空间。当火车快要到来时，他们离大桥的另一端已经很近了。所以他们可以跑到大桥的另一端，然后跳到一边去，方可脱离危险。

一条奇怪的线

　　我们都知道，在唐僧师徒四人西天取经的路上，八戒时常受到机灵的悟空的捉弄。一次，悟空对八戒说："八戒，八戒，我在几秒钟内画出一条线，你需要花费几天才能走完，信不信？"八戒连忙摇头说："猴哥，我老猪才不信呢！"悟空画出一条线，八戒果真走了好几天，才算走完。

　　你知道这到底是怎么回事吗？

参考答案

其实那根本不是什么法术。只不过是悟空在八戒的鞋底上画了一条线而已，八戒走了好几天，才将那条线磨光。

神秘的观众

某著名的电影院正上映一部非常幽默的动作喜剧片。奇怪的是，该剧男主角表演的越搞笑，台下观众越感到悲伤。

这究竟是怎么回事呢？

参考答案

因为该部电影正是为悼念已经过世的男主角而特别播出的纪念影展。

为什么他停止不前

一个星期天，喜欢泛舟的王海在划着独木舟沿河而下，可是，不一会儿就没办法再沿着河流划下去了。那里既没有瀑布，也没有阻碍物，更没有其他人拦着王海，而且王海本人和独木舟当然也是安然无恙。

那么为什么王海停止不前了呢？

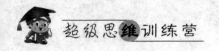

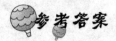

因为王海已经划到了河口，再下去就是海洋了，所以没办法再"沿着河流划下去"。

健忘的爸爸

小帅的爸爸非常健忘。有一天爸爸去上班的时候，又忘了带公司的钥匙。小帅发觉了，便赶紧拿着钥匙跑出门去追爸爸。可是小帅脑子里不知道在想些什么，一会儿竟然朝爸爸走的相反方向追去了。要知道，这条路可不是捷径。

这到底是怎么回事？

原来，小帅为了能够更快地追上爸爸，又回去取家里的自行车了。

缺少色彩的世界

聪明可爱的豆豆已经上幼儿园了。有一个周末，豆豆在妈妈的陪同下去探望奶奶，她对奶奶说："以前的人真可怜啊，都生活在一个没有色彩的世界里。"

豆豆为什么会这么认为呢？

参考答案

因为豆豆翻阅奶奶以前的相片，相册中贴的全是黑白色照片，没有一张是彩色的。

神秘的一句话

某天，一位善辩的哲学家来到某市。他向那里的人们问道："你们这里学识最渊博的人是哪位？"

人们告诉他："是欧文。"

于是，这位哲学家便去访问欧文，恰好欧义也在家。

"欧文阁下，我有 50 个问题，你能否用一句话给我回答全？"

欧文不假思索地对他说："让我瞧瞧你的那些问题。"

于是，这位哲学家一一提出了他的 50 个问题。这些问题上至天文，下至地理，包罗万象，无奇不有。当哲学家把 50 个问题说完以后，就催着欧文赶快用一句话回答。

欧文笑了笑，轻轻地说了一句。这句话的确答全了 50 个问题。

你知道欧文说的是一句什么话吗？

参考答案

欧文说的是："我全不知道！"

猎人之死

　　年轻的吉姆和布鲁斯都十分爱好狩猎。二人在乡间的一片密林边，建造了一座低矮的小屋子，共同在里面居住。然而他们虽然住在一起，但从来不一同外出狩猎。

　　这一年，布鲁斯在秋天捕猎丰厚，所以，冬天就没有进山狩猎，而是在家生起了炭炉取暖。吉姆则冒着严寒，在林子里转了好几天，终于打到一只豹子。他得意洋洋地拖着死豹子回家，想好好地向布鲁斯炫耀一番。谁知，在他刚推开房门的那一刹那，看见布鲁斯趴在地上，早已死去了。紧接着他便"哇哇"乱叫着逃了出来。惊慌失措的吉姆急忙报了警。

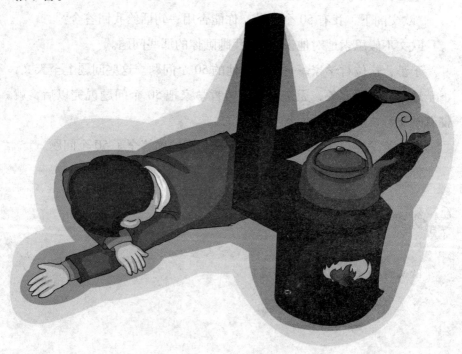

警察觉得布鲁斯的死因非常蹊跷，因为布鲁斯的体格非常健壮，但他的尸体却面色发黑，好像中了毒。警察在调查中了解到，这里几乎没有其他居民，而吉姆和布鲁斯两个人的性格都非常倔强，时常因为谁先捕捉到猎物而发生争执。

到底吉姆是不是杀害布鲁斯的凶手呢？

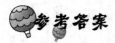

参考答案

不是。一氧化碳是一种无色、无味的气体，它进入人体后能迅速剥夺氧气和血红蛋白的结合能力，使全身细胞出现缺氧中毒状态。布鲁斯在屋子长时间地烧炭取暖，因而产生了大量的一氧化碳。由于冬天天气寒冷，门窗紧闭，屋子里空气不流通，结果高浓度的一氧化碳致使他中毒身亡。

入睡有妙招

一个人到外地出差。晚上，当他躺在旅馆的床上的时候，他却翻来覆去久久无法入睡。后来，他就起身给隔壁房间打了一个电话，什么也没说，然后就将电话挂断了。不一会儿，这个人就睡着了。

这是怎么回事呢？

参考答案

原来，这个人不能入睡的原因就是隔壁房间的人鼾声如雷。他的电话吵醒了打鼾的人，所以他就能很快入睡了。

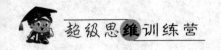

虾的皮肤变红了

虾肉具有味道鲜美，营养丰富的特点，因此虾肉是很多小朋友的最爱。

佳琪也特别喜欢吃虾，佳琪的爷爷奶奶也不例外，于是，他们吃饭的时候，味道鲜美的虾肉会时不时地出现在餐桌上。

但是，有一个问题一直困扰着佳琪。一天，她终于忍不住问妈妈：虾煮熟了以后，它的皮肤就变成了红色，这是为什么？

请问你知道虾煮熟了以后，它的皮肤为什么会变成了红色吗？

 参考答案

原来虾的外壳中含有很多色素，这些色素大多数都是青黑色的，所以活虾看起来都是青黑色的。一旦把虾放在锅里煮过之后，大多数的色素都被高温破坏掉了，只剩下不怕高温的红色素。因此，煮过的虾的皮就变成红色的了。

妹妹的答案

放学之后，姐姐和妹妹在一起写作业，只见姐姐在一张纸上画了一个大圆，大圆里又画了许多小圆，小圆的圆心都在大圆的直径上。随后，姐姐便将那张纸递给了妹妹，并问妹妹："到底是大圆的周长长，还是小圆的圆周之和长？""一样长。"妹妹立刻回答。

那么，请问妹妹的答案对吗？

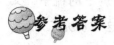

参考答案

对。因为图中所有小圆相加的直径与大圆的直径相等，而周长等于圆周率与直径的乘积，所以当大圆与所有小圆相加的直径相等时，它们的周长自然也相等。

哪一个不一样

欢欢家的储物柜中堆放了很多杂物。由于妈妈最近特别的忙，所以一直没有来得及整理。星期六的下午，妈妈要求欢欢自己独立去整理储物柜。欢欢接到这个任务很高兴，于是，她便开始忙碌了起米。

跳出思维的怪圈

欢欢将所有杂物都分门别类地放好，然后将最后剩下的梳子、叉子、拉链、牙刷、钳子这5件物品放在了一起。等到这一切完工之后，欢欢便拉着妈妈走到整理柜旁边，原来，欢欢是想让妈妈检查一下是否对自己的劳动满意。

妈妈看着那收拾得井井有条的储物柜，说道："我对女儿的表现非常满意，但是，妈妈还要问你一个问题，仔细观察一下梳子、叉子、拉链、牙刷、钳子这5种物品，有哪一个与其他4种不一样，可要说出你的理由啊。"

你能回答出欢欢妈妈提出的问题吗？

钳子与众不同，因为其他物品都是齿状物。

大师的想法

有一次，日本的一位歌舞伎大师守田勘弥扮演古代一位徒步旅行的百姓，正当他要上场时，一个徒弟提醒他说："师傅，您的草鞋带子松了。"

他回答了一声："谢谢你呀。"然后立刻蹲下，系紧了鞋带。

当他走到徒弟看不到的舞台入口处时，却又蹲下，把刚才系紧的带子又弄松了。

你理解守田勘弥大师这样做的意图吗？

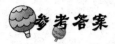参考答案

原来，守田大师的目的是以草鞋的带子的松垮，试图表现这个百姓长途旅行的疲态。演戏细腻到这种程度，这位大师的确有过人之处。而对于徒弟的好意提醒，大师只想去接受和回报。

扩建游泳池

炎热的夏季来临了，朵朵家院子里的游泳池又可以发挥作用了。这不，朵朵正在游泳池里游泳呢。这个游泳池的形状是正方形的，并且在游泳池的 4 个角上还栽了 4 棵树，可以在树下纳凉。

正在朵朵游得很尽兴的时候，朵朵的爸爸来到游泳池旁边对她说："我想扩建游泳池，使它的面积增加一倍，但是必须保持正方形的外观，而且树的位置也不能动。你来帮我想想，究竟该怎么做？"听了爸爸的话，朵朵心里十分高兴，但又有点愁眉不展，因为她要给爸爸出主意啊。这时她也不游泳了，开始坐在有树阴的地方，静静地思考了起来。

最后，朵朵还真的帮爸爸想出了一个主意，爸爸听后，说朵朵的主意很不错。

你知道朵朵出了一个什么样的主意吗？

参考答案

以 4 棵树所在的位置，分别作为新正方形游泳池 4 条边的中点，这样扩建之后的游泳池的面积，就比原来的增加了一倍。

怎么切煎饼

张师傅是一个烙煎饼的。有一次，顾客说家里来了很多客人，所以他想请张师傅尽最大努力把一张煎饼切成8块，但只能切三刀，张师傅真的用三刀把顾客的要求给满足了。

你知道张师傅是怎么切的吗？

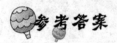

先横一刀，竖一刀将煎饼分成4块，再将4块煎饼叠起来，再第三刀把它们一分为二，就成为了8块。

重量真的变小了吗

在许多年前，发生了这样一个故事：一个装有金丝雀的卡车路过一个检查站时，一个交警举旗示意这辆卡车停下，检查卡车是否超载。于是，这辆卡车的司机就把卡车开到量重器上，谁知，当他从驾驶室跳下来后，只见他拿起一根木棍敲打卡车的一边。有一个旁观者不解地问："你为什么要这样做呢？"

"是这样，"他回答，"我的卡车里装了2000千克的金丝雀。我很清楚卡车会超载，但是，如果我使鸟在车里飞起来的话，那么秤上就无法显示它们的重量了。"

这个司机说得对吗？如果卡车内的鸟保持飞的状态，那么卡车的重量真的会比鸟栖止于卡车上时的重量小吗？

事实上，这种情况，只有当卡车的平板是敞开的时候才会发生。但是，这辆卡车的车厢是封起来的，当鸟保持飞的状态时，它们必然会利用与自身体重相当的力量在空气中挥动翅膀。这样，这种力量就会通过空气施加于卡车的平板上。因此，无论鸟是静止还是保持飞的状态，卡车的重量均会保持一致。

爱吃醋的妻子

3个爱吃醋的妻子，在和他们的丈夫旅游时，发现渡河的船只能容纳两个人。因为每个妻子都极力反对自己的丈夫和其他两个女性成员中的任何一个人渡河，除非自己也在场；同时，她们也不同意自己的丈夫单独和其他女人站在河对岸。

那么，应该如何安排呢？记住，尽管船只能搭乘两人，但是，其中的一个人必须把船划回来供其他人使用。

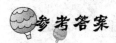参考答案

把3个妻子用a、b、c来表示，她们丈夫分别是A、B、C。他们可以按照下面的方法渡河：

（1）a和b先渡河，然后b把船划回来。

（2）b和c渡河，然后c把船划回来。

（3）c下船并和她的丈夫C留下来，然后A和B渡河；A下船，B和b一起把船划回来。

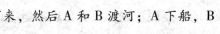

（4）B和C渡河，把b和c留在出发点。

（5）a把船划回来，然后让c和她一起渡河。

（6）a下船，然后b把船划回来。

（7）接着，b和c渡河。这样，所有人又重聚一起，满意地抵达对岸！

入室盗窃的贼

一天中午刚过，私人侦探杰克应朋友布鲁斯的邀请，来到郊外的一所住宅。

布鲁斯把杰克侦探让进客厅后，马上介绍了家中失窃这件事情的经过。

"昨天早晨，一个亲戚家发生了不幸，我和妻子便一道去了。今天下午，我自己先回家看看，一进门发现屋里乱七八糟的。肯定家里没人时进了溜门贼，是从那个窗户进来的。"布鲁斯指着面向院子的窗户。只见那扇窗户的玻璃被用玻璃刀割开一个圆圆的洞。罪犯是把手伸进来拨开插销进来的。

"那么，什么东西被盗了？"

"没什么贵重物品，是照相机及妻子的宝石之类。除珍珠项链外都是些仿造品。哈哈哈……"

"你报警了没有？"

"报了，刑警们进行了现场勘查。"

"现场勘查中，刑警们发现了什么有力的证据没有？"

"没有，空手而归。罪犯连一个指纹也没留下，一定是个溜门老手干的。要说证据，只有珍珠项链上的珍珠有五六颗丢在院子里了。"

"是被盗的那个珍珠项链上的珍珠吗？"

"是的。那条项链的线本来是断的。可能是罪犯盗走时装进衣服口袋里，而口袋有洞漏出来的吧。"

布鲁斯领着杰克来到了院子里，此时，夕阳正照晒着整个院子，院子的花坛里正开着红、白、黄各种颜色的郁金香。

"喂！布鲁斯，这花中间也落了一颗珍珠哩。"杰克发现一株黄色花的花瓣中间有一颗白色珍珠。

"哪个、哪个……"布鲁斯也凑过来看那个花朵。

"看来这是勘查人员的遗漏啊。"

"你知道这花是什么时候开的吗？"

"大概是前天。红色郁金香总是最先开花，我记得很清楚。"布鲁斯答着，并小心翼翼地从花瓣中间轻轻地把珍珠取出。

这天晚上，布鲁斯亲手做菜。两人正吃的时候，刑警来了电话，说是已经抓到了两名嫌疑犯，目前正在审讯。

两个嫌疑犯中一个是叫派恩的青年。昨天中午过后，附近的孩子们看见他从布鲁斯家的院子里出来。另一个是叫提姆的男子。他昨天夜里10点钟左右偷偷地去窥视现场，被偶尔路过的巡逻警察发现。

"这两个人中肯定有一个是嫌犯。但是目前我们还没有可靠的证据，因为两个人都有目击时间以外不在作案现场的证明。所以，肯定是他们中的一个那时溜进去作案的。"刑警在电话里说。

随后，布鲁斯又将刑警讲的这番话给杰克陈述了一下。杰克听完后，立即果断地说："如果是这样的话，答案就简单喽！嫌犯一定是××了。布鲁斯，如果怀疑我说的不对，那我们就去看看花坛中的郁金香吧。"当布鲁斯看完之后，便竖起了大拇指对杰克说："朋友，你真的不愧是一位名侦探啊！"

那么，请问，你认为杰克所认定的嫌犯是哪一个？

跳出思维的怪圈

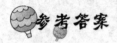

超级思维训练营

参考答案

是昨天中午在现场徘徊的派恩。把珍珠掉在郁金香花瓣里就是证据。因为开花不久的郁金香，一到晚上天黑后花瓣就会合上。所以，被盗的珍珠能掉在花瓣里，这就说明作案时间是白天。但是要注意，将要凋萎的花，即使到了晚上花瓣也合不上。

抱千金的少妇

有个代号为"飞鹰"的罪犯团伙，近日准备将一批婴儿卖往广东省与福建省交界的偏僻山村，某公安局接到上级的指示，准备当即将这个罪犯团伙一举抓获。

化装成车站服务员的女刑侦员马玲来到了火车站的出口处，此时，开往广州的特快即将发车。一位俏丽的少妇，怀抱着啼哭的婴儿，正随着缓缓流动的人群走近检票口。

"这孩子怎么啦？病了吗？"马玲"关切"地问。

俏丽少妇带着幽怨的表情，叹道："唉，这孩子刚满月，我们夫妻俩实在

— 144 —

是太忙了，谁知一个偶然的疏忽，竟让我家这千金受了凉，得了感冒，真是愁人啊！"她边说边给孩子擦泪珠。

马玲面带着关切的表情，上前摸了摸那个小女婴的头，果然很烫手："大嫂，你这千金多大了？"

"到今天才一个月零三天，唉！"俏丽少妇又是一叹，又不停地给孩子擦泪珠。

"真的？"眼里射出冷光的马玲说，"我是公安局的，请跟我走一趟！"

在审讯室，俏丽的少妇又哭又闹，当她看到换上警服的马玲时，她有点惊讶，但依然又哭又闹，当马玲说出了拘捕她的原因后，她便悄然无声了。

你知道是什么原因吗？

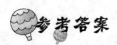
参考答案

因为刚满月的婴儿哭是不会流眼泪的，而少妇说孩子刚满月，显然不知道孩子的确切生辰。所以，此少妇不是孩子的母亲。